基于轴辐网络的重大突发事件
应急设施布局优化理论与应用

关贤军　王　霞　葛春景　著

U0347694

同济大学 出版社
TONGJI UNIVERSITY PRESS

内 容 简 介

针对重大突发事件应急服务设施选址,本书采用轴辐网络理论进行应急设施网络布局,运用覆盖理论等设施选址理论,建立满足大规模应急救援下多次需求和多点需求的设施枢纽点和服务点的选址模型,并设计算法和选取了四川等地的算例进行求解分析。

本书适用于应急管理、工程管理领域的专业人员阅读参考。

图书在版编目(CIP)数据

基于轴辐网络的重大突发事件应急设施布局优化理论
与应用 / 关贤军,王霞,葛春景著. -- 上海 : 同济大
学出版社,2020.9
    ISBN 978-7-5608-9476-8

    Ⅰ.①基… Ⅱ.①关… ②王… ③葛… Ⅲ.①地震灾
害－紧急避难－公共场所－选址－研究 Ⅳ.①P315.9

中国版本图书馆CIP数据核字(2020)第168674号

基于轴辐网络的重大突发事件应急设施布局优化理论与应用
关贤军   王 霞   葛春景   著

责任编辑 姚烨铭   **责任校对** 徐春莲   **封面设计** 张 微

出版发行	同济大学出版社 www.tongjipress.com.cn
	(地址:上海市四平路 1239 号 邮编:200092 电话:021-65985622)
经 销	全国各地新华书店
排 版	南京月叶图文制作有限公司
印 刷	江苏凤凰数码印务有限公司
开 本	710mm×960mm 1/16
印 张	9
字 数	180 000
版 次	2020 年 9 月第 1 版 2020 年 9 月第 1 次印刷
书 号	ISBN 978-7-5608-9476-8
定 价	68.00 元

前　　言

进入 21 世纪以来，我国遭遇地震、冰冻、泥石流、SARS 等多种重大突发事件，造成了巨大的财产损失和人员伤亡。在应对重大突发事件过程中，受灾点对应急服务资源的需求表现出多次需求、多点需求、需求量大和需求时间长等特点，这为提供应急服务的应急设施提出了更高的要求。为有效解决大规模应急服务资源需求问题，合理布局和优化应急服务设施至关重要。

本书以应急服务设施选址布局优化为切入点，在分析重大突发事件下应急服务需求的基础上，将轴辐网络理论应用到应急服务设施布局，设计了应急服务设施轴辐网络，研究了轴辐网络中的非枢纽点设施选址问题、枢纽点设施的选址-分配问题、轴辐网络中的绕道和拥堵问题、应急服务设施的不确定性环境的鲁棒优化问题以及考虑配送时序特征的应急服务设施轴辐网络选址优化问题，分别构建了数学模型，设计了相应算法并通过算例验证了模型及算法的有效性。进一步完善和扩展了应急服务设施选址布局理论与相关优化方法，为应急管理决策者对应急服务设施布局的科学决策提供依据。

本书核心内容主要有以下几个方面：

第一，对于重大突发事件中的需求量大，需求时间长等特点，设计了应急服务设施点轴辐网络布局体系，在非枢纽设施点选址基础上，再选择建立起到集中、分类、运转等调度和指挥中心功能的枢纽设施点，通过枢纽设施点将区域内的设施资源联动起来，为应急需求点持续供应大规模应急服务资源。

为解决应急服务需求点的多次需求、多点同时需求的问题，以经典覆盖模型为基础，释放了模型中的临界覆盖距离过于严格和一次性覆盖的假设，根据应急需求点的重要程度（权重）不同，对覆盖质量进行等级划分，采取有所差异的服务质量水平形式,在满足基本覆盖要求的同时,对重要的需求点进行多重覆盖,同时考虑了重大突发事件对服务设施能力破坏的情况,构建了多重覆盖模型(MQCLP)。该模型使得在满足覆盖距离的情况下,为需求点提供多个设施的覆盖,同时应急需求点获得不同的阶梯形的距离覆盖。由于该覆盖模型属于 NP-Hard 问题,本书在传统的遗传算法的基础上进行改进,设计了贪婪遗传算法对多重覆盖模型进行求解,并通过算例证明了模型和算法的有效性。

对于枢纽点的选址和非枢纽点分配问题,提出枢纽覆盖半径,在强实效性约束下,构建了单分配枢纽集覆盖模型(SHSCP)。为了降低模型的复杂程度,提高求解效率,对模型进行线性化改进。针对模型特点,设计了改进的遗传算法对模型进行求解。通过较大规模的数据进行算例验证,对各约束变量进行分析,计算结果令人满意,算法的收敛速度和计算效率也表明了算法的有效性。

第二,研究了应急服务设施轴辐网络中的绕道、拥堵优化。为满足应急需求点对应急服务的大批量需求,有效利用轴辐网络的规模效益和密度经济,在网络中设置部分枢纽设施点对救援物资配送起到集散作用。由于应急服务设施点之间必须通过一两个枢纽点才能抵达应急需求点,增加了出行的绕道时间。对于绕道问题,根据应急服务的强时效性要求,设立最大绕道系数限制,提出两种解决绕道问题的策略:一是在原有 L-SHSCP 中增加绕道系数限制,构建带有绕道约束的单分配枢纽覆盖模型(γ-SHSCP)来重新布局设施,通过算例分析模型各参数的约束能力和对于计算结果的影响变化大小。对不同的应急情况预测和风险的容忍程度,由决策者设立具体的绕道系数大小来解决绕道问题。二是在不改变原来网络结构布局的情况下,同时根据绕道系数的大小,在超过最大绕道系数的两个非枢纽点之间设立"捷径"直通通道,满足两点之间的直通服务。"捷径"的数量与系数大小呈正相关关系,系数越大,"捷径"越少,通过实例说明当系数释放到一定程度后,γ-SHSCP 模型等同于 SHSCP。两种策略适用于不同的情况,这为决策者解决绕道问题提供参考依据。

在单分配的应急服务设施轴辐网络中,由于很多应急服务资源汇集到枢纽点,如果枢纽点容量有限,或者由于灾害对枢纽设施点的破坏造成枢纽点拥堵和无法服务,使得分配给该枢纽点的非枢纽设施点资源无法抵达灾区。为解决此问题,本书提出两种策略:一是改变布局结构,构建多分配的枢纽集合覆盖模型,即一个非枢纽点可以同时分配给多个枢纽点,按照此模型对应急服务设施的选址进行布局,得到的布局网络可以有效避免枢纽点的拥堵问题;二是在不改变原来布局的情况下,只增加非枢纽点的分配方式,即让非枢纽点除了分配给原来枢纽点外,还分配给距离其最近的其他枢纽点设施,这样在没有拥堵的情况下,可以按照原来的分配方式进行配送,如果出现拥堵或者无法服务的情况,非枢纽点可以转向其他功能完好的枢纽点进行周转,这种策略同样可以有效解决枢纽点的拥堵问题。

第三,研究了不确定环境下的应急服务设施轴辐网络布局优化。由于重大突发事件发生的时间、地点、概率以及破坏程度具有不确定性,使得受灾点对应急服务设施的需求也具有不确定性,包括需求数量的不确定性和服务质量的不确定性。同时由于选址布局面临诸多不确定因素,如地理状况、人口分布、交通运输能力、经济实力等,所以构建具有良好鲁棒性的应急服务设施网络布局是本书重点内容之一。根据经典鲁棒优化的三种方法,提出了三种 γ - SHSCP 的鲁棒模型,可作为不同风险偏好决策者的参考依据。本书根据应对重大突发事件的特点和应急救援的要求,构建了双重 λ 鲁棒优化模型(λ - SASCH),即模型的函数目标和最远两点的出行时间与各种情景下的最优值之间的偏差分别控制在 λ_1 和 λ_2 之内,目的是使具有较好条件的候选设施点更易成为枢纽点、最优两点的最大出行时间尽量最小。针对鲁棒模型,给出了鲁棒解的求解方法。为了和前面章节中的模型结果进行对比,通过算例分别对 λ_1 和 λ_2 进行分析,同时给出了满足两个偏差约束的模型最终鲁棒解,虽然鲁棒解不是各种情景下的最优解,但均为可行解,适用于各种不同的情景,对于不确定性的环境变化不敏感,具有很好的鲁棒性,从而有效规避各类不确定性的风险。

第四,考虑时序特征的应急服务设施轴辐网络优化对于有序合理配送应急资源起着重要作用,保证在紧急状态下有序、高效、准确地调度应急资源,有序开展救助工作。有些救援工作(如地震救援)具有很强的时效性,随着不同阶段各项救援工作的依次开展,需要向灾区提供救援装备、医疗物资、后勤保障等不同类型的物资,救援和应急物资配送存在明显的先后顺序。由于不同类别应急物资时效性要求不同,则需要根据救援和物资配送时序特征划分多个覆盖临界,构造基于多个多层级质量覆盖的选址模型。

本书综合考虑物资配送时序特征和仓库容量,以最大化覆盖总需求点权重,最大化最低覆盖质量水平和最小化加权最大救援时间为目标,建立了应急设施点多级覆盖选址模型。利用极大模理想点法构造偏差率最小化模型法和NSGA-II算法这两种方法进行求解,结合案例,就不考虑和考虑物资配送时序特征与仓库容量的情形进行对比研究,并比较了两种算法的优劣性。

最后对全书进行了总结,并对书中存在的不足和有待进一步深入研究的问题提出继续研究的方向和展望。书中内容为多年来所做课题研究成果的总结,其中部分成果为最近完成。

另外,要感谢老师尤建新教授多年来的指导,感谢研究生周晗、李梦欣所做的大量工作。

编　者

2020 年 6 月

目　　录

导　论

1.1　研究背景及概念

1. 研究背景

我国是世界上灾害频率高、种类多、破坏严重的国家之一,每年遭受着各种自然灾害、事故灾害、突发卫生事件以及突发社会安全事件,给人民生命财产安全造成巨大损失。资料显示,从 1990 年至 2008 年 19 年间,在我国因各类自然灾害,平均每年约 3 亿人受灾,倒塌房屋 300 万间,紧急转移安置人口 900 多万人次,直接经济损失 2 000 多亿元人民币,并且有 50% 以上的人口、70% 以上的城市分布在气象、地震、地质、海洋等自然灾害严重的地区[1]。

进入 21 世纪以来,我国陆续遭遇各类重大突发事件:肆虐全国的"非典"、2008 年南方暴雪冰冻灾害、汶川大地震、玉树地震和甘肃舟曲特大泥石流灾害等。这类重大突发事件造成巨大的人员伤亡[2,3]、财产损失[4,5],环境遭到严重破坏[6]。例如 2008 年的汶川地震,造成了四川、陕西、甘肃、重庆、河南、云南等地大量人员伤亡和经济损失。截至 2008 年 6 月 28 日,四川省遇难人数达到68 683 人,失踪 18 404 人,受伤 360 358 人;倒塌房屋、严重损毁不能再居住和损毁房屋涉及近 450 万户,1 000 余万人无家可归;重灾区面积达 10 万平方公里。根据国家汶川地震专家委员会调查评估,"5·12"汶川大地震造成的直接经济损失高达 8 451 亿元人民币[7]。

各类重大突发事件造成的巨大损失,主要原因有:一是重大突发事件的巨大破坏性,重大突发事件突发性强、破坏性大、影响范围广,而且容易发生次生灾害。二是人们对突发事件的应急准备不足。如果按照常规性灾害备灾，一旦遭遇重大突发事件，特别是毁灭性灾害的打击，防灾减灾工作将处于措手不及、忙而无序的尴尬境地。

为有效应对重大突发事件，一方面要完善重大突发事件的预警系统、提高重大突发事件的预警能力；另一方面要合理配置应急服务资源，做到充分备灾。然而，在应对重大突发事件过程中，所需要的应急资源无论是数量、质量还是种类都是前所未有的。所以，有效应对这类重大突发事件，需要大量应急服务设施同时投入应急救援工作中。

目前我国大多数区域的应急服务设施的数量和服务质量水平一般是按照应对常规突发事件的标准进行布局设计，由于重大突发事件具有破坏性强，需要的应急服务设施数量大、种类多，突发事件发生概率低等特点，传统的应急服务设施布局虽然能满足少量应急服务资源需求，但对于大规模应急资源调度问题，则易造成调度局面混乱、拥堵或中断等情况。例如在汶川地震中，由于地震造成大面积的房屋倒塌，区域内布局的专业救援设备缺乏，在应急救援初期，即营救生命的黄金时间，应急服务人员只能徒手进行应急营救，不仅耽误救援时机，造成更大损失和伤亡，同时应急服务人员的人身安全也存在着很大隐患。传统的应急服务设施布局不能应对如此复杂的局面，救援救助工作很难顺利进行，尤其在形成灾害链或灾害群的复杂情况下，这些问题将更加突出。

本书从应对重大突发事件的应急服务设施布局问题入手，对应急服务设施进行选址、分配，构建应急服务设施的联动网络，将区域内所有的应急服务设施联动起来，使得应急服务设施联动网络不仅需要满足常规突发事件的应急需求，而且更能够有效应对各类重大突发事件以降低损失。

2. 相关概念

1）重大突发事件

国务院 2006 年 1 月 8 日发布的《国家突发公共事件总体应急预案》[8]定义了突发公共事件，它是指突然发生，造成或者可能造成重大人员伤亡、财产损失、生态环境破坏和严重社会危害，危及公共安全的紧急事件。根据突发公共事件的发生过程、性质和机理，突发公共事件主要分为自然灾害、事故灾难、公共卫生事件和社会安全事件四类。

2007年8月30日通过并于2007年11月1日开始实施的《中华人民共和国突发事件应对法》[9]中规定的突发事件是指突然发生,造成或者可能造成严重社会危害,需要采取应急处置措施予以应对的自然灾害、事故灾难、公共卫生事件和社会安全事件。《中华人民共和国突发事件应对法》按照社会危害程度、影响范围等因素,将突发事件分为特别重大、重大、较大和一般四级。

依据《国家突发公共事件总体应急预案》和《中华人民共和国突发事件应对法》的对突发(公共)事件的划分,本书提出了对重大突发事件的界定。具体表述为:重大突发事件(Large-scale Emergency)是指突然发生,造成或者可能造成重大人员伤亡、财产损失、生态环境破坏和严重社会危害的紧急事件,且影响人口达到100人以上,影响区域面积达10平方公里以上的紧急事件。

本书界定的重大突发事件包括上述法律法规提出的重大级别和特别重大级别的突发事件。例如2010年4月14日,在我国青海省玉树藏族自治州玉树县发生的7.1级地震,造成2 064人遇难,175人失踪,12 135人受伤,10多万户灾民需要转移安置[10]。这类突然发生,造成大量人员伤亡的突发事件属于本书所界定的重大突发事件。

2) 应急服务设施

应对重大突发事件需要大量的应急设施投入应急救援活动中,而应急设施又分为不同的种类。根据应急服务设施(也称为应急资源点或应急出救点)的特征,一般可以分为两类:第一类是提供应急服务,如消防站、紧急医疗服务设施等,通常在一定范围内考虑提供及时的应急服务;第二类是提供应急物资和资源,通常考虑在区域内提供足够的应急物资和资源,如食品、饮用水、棉被和帐篷等。

应急设施根据需求者和服务者的来往问题,可分为固定服务设施和移动服务设施[11],其中固定服务设施是指需求者(服务接受者)必须到达提供服务的固定场所才能接受服务,如医院、防灾公园、避难场所等;移动服务设施是指提供服务的服务者需要达到需求点,并提供服务。一般设施都属于移动服务设施,例如消防站、医疗救援中心、专业工程抢险等。

本书研究的应急服务设施属于此类移动应急服务设施（简称应急服务设施，以下文中提及的应急服务设施均属于移动应急服务设施）。

3）应急服务设施布局

应急服务设施布局是在一定区域内，根据应急服务需求的特点，确定此区域内应急服务设施的数量和位置，来满足区域内的应急服务需求。

应急服务设施布局通常分为：永久性应急设施布局（Permanent Facility Location）和临时性服务设施布局（Temporary Facility Location/ Layout）两种。永久性应急服务设施布局是属于灾前提前规划布局，是提前应急准备过程（Preparedness for Emergency Requirement），例如，消防站的选址布局、公安部门的选址布局等；临时性应急服务设施布局是根据突发事件发生后的情况临时确定地点的布局（Temporary Response for Requirement），例如，设立应急物资分发中心、医疗小队集聚点等。

根据上述概念的界定，本书中应对重大突发事件的应急服务设施布局是指有效应对各类重大突发事件，提前对永久性的移动类应急服务设施进行规划，确定其数量和位置的过程。

1.2　研究意义

1. 实践意义

有效应对重大突发事件需要大规模的应急服务资源参与应急救援过程中，而常规应急服务设施布局已不能适应此类应急救援的情况。本书对应对重大突发事件的应急服务设施轴辐网络布局与优化问题进行研究，其研究的意义主要在于：

（1）能为决策者提供一般意义上应急服务设施网络布局的研究方案。应对重大突发事件的选址布局问题，需要考虑应急需求的多点同时需求和多次需求的特点，这需要在建模技术和方案求解上寻求突破，所以研究应急服务设施多重覆盖问题对应急管理者而言具有更重要的实践意义。

（2）实现区域应急服务资源共享与优化。重大突发事件中的应急需求还包括数量大、需求时间长等特点,这就需要有源源不断的后援资源,因此本书建立的应急服务设施轴辐网络能够利用枢纽的集散功能、枢纽之间的规模效益和密度经济,从而满足重大突发事件中应急服务的需求,构建的模型和求解方案能够为整个区域的应急服务设施的整体规划提供决策参考依据。

2. 理论意义

本书涉及的理论有选址理论、轴辐网络理论和启发式算法等优化方法和理论。本书根据应对重大突发事件对应急服务需求的特点,将轴辐网络理论用于应急服务设施布局中,对非枢纽点的应急服务设施选址、枢纽点的选址-分配、针对轴辐网络中的绕道缺点和拥堵以及考虑时序特征的应急服务设施轴辐网络设施点选址优化展开了研究,分别构建了相应的模型,并设计了对应的启发式算法,这些研究在理论上将进一步完善和丰富选址理论、轴辐网络理论以及相关优化理论。

1.3　研究现状

1.3.1　应急服务设施选址优化

随着选址问题的研究得到巨大的发展,设施选址理论也不断完善。在设施选址(Facility Location Problem)问题中,形成了以三类模型为基础的选址理论,众多选址问题的模型都是在此基础上的改进或扩展。这三类模型分别是覆盖选址模型、p-中值(中位)选址模型和 p-中心选址模型。而覆盖问题又分为集覆盖问题和最大覆盖问题[12],最大覆盖选址问题(MCLP)最初是由 Church 和 Revelle(1974)[13]提出的,通过确定设施数目使覆盖需求点的人口为最大;Church(1991)[14]等建立了一个双目标最大覆盖选址模型,在最大覆盖距离内,使覆盖的需求点数目最大化。同时,使未覆盖的需求点到最近设施点的距离最小化。集合覆盖问题研究的是在满足所有需求点的前提下,设施点的建设费用最小的问题。Plane(1977)[15],Daskin(1981)[16]等对集合覆盖问题做了大量的研究。p-中心选址模型是 Hakimi(1964)[17]提出的,该模型的目标是为 p 个服务设施进行选址,使得各个需求点到 p 个服务设施之间的总加权距离最小。p 中心选址问题研究的是确定数量的 p 设施,使各个设施服务需求点的(加权)最大距离最小,该问题同样是由 Hakimi 提出的。

ReVelle 和 Swain(1970)[18] 最早给出了 p-中值问题的整数线性规划模型:

设 $w_i d_{ij}$ 是节点 i 和设施点 j 之间的加权距离,y_j,x_{ij} 均为 0—1 整数变量,

$$y_j = \begin{cases} 1 & \text{当候选设施点 } j \text{ 被选中设施点} \\ 0 & \text{否则} \end{cases}, x_{ij} = \begin{cases} 1 & \text{需求点 } i \text{ 被指派给设施点 } j \\ 0 & \text{否则} \end{cases},$$

则 p-中值模型的整数线性规划模型为

$$\min \sum_{i \in I} \sum_{j \in J} (w_i d_{ij}) x_{ij} \tag{1-1}$$

$$\text{s.t.} \sum_{j \in J} x_{ij} = 1, \forall i \in I \tag{1-2}$$

$$x_{ij} - y_j \leqslant 0, \forall i \in I, j \in J \tag{1-3}$$

$$\sum_{j \in J} y_j = p \tag{1-4}$$

$$x_{ij}, y_j \in (0,1), \forall i \in I, j \in J \tag{1-5}$$

目标函数式(1-1)表示各个需求点到 p 个服务设施之间的总加权距离最小;约束式(1-2)保证每个需求点仅指派给一个服务设施;约束式(1-3)保证只有当设施点开放时,需求点才能支配给该设施点;其余约束条件意义同上。

由于 p-中值问题属于选址模型的"最小和(minisum)"问题,p-中值模型是以需求点的服务需求 w_i 作为权重进行加权,p-中值模型的最优解趋向于把服务设施设置在靠近服务需求大,即 w_i 较大的需求点的位置,因此,p-中值问题也被称为 p-"重心"问题[19]。

p-中心选址问题(p-Center Problem)研究的是确定数量的 p 设施,使各个设施服务需求点的(加权)最大距离最小,该问题同样是由 Hakimi 提出的。根据设施在网络中的位置不同,中心问题可分为极点中心问题(即设施被设置在网络的节点上)和绝对中心问题(即设施可以设置在网络中的任何地方)。其中极点 p-中心模型如下所示。

设需求点到设定的设施之间的最大距离为 L,y_j,x_{ij} 为 0-1 整数决策变

量,取值意义同 p-中值模型,则极点 p-中心模型为

$$\min L \tag{1-6}$$

$$\text{s.t.} \sum_{j \in J} x_{ij} = 1, \ \forall i \in I \tag{1-7}$$

$$x_{ij} - y_j \leqslant 0, \forall i \in I, j \in J \tag{1-8}$$

$$\sum_{j \in J} y_j = p \tag{1-9}$$

$$L - \sum_{j \in J} d_{ij} x_{ij} \geqslant 0, \ \forall i \in I \tag{1-10}$$

$$x_{ij}, y_j \in (0,1), \ \forall i \in I, j \in J \tag{1-11}$$

其中,目标函数式(1-6)表示最大距离最小;约束式(1-10)表示任何需求点 i 与最近的设施点 j 之间的距离不能超过最大距离 L;其余约束条件意义同 p-中值模型。

p-中心选址问题是属于"最小最大(minimax)"问题。和集合覆盖模型不同,在覆盖模型中,标准覆盖距离是预先确定的,而 p-中心选址问题也是要"覆盖"全部需求点,但不使用外部输入的覆盖距离 D,而是模型"内生"地确定与设置 p 设施相适合的最小覆盖距离 L。

在应急服务设施选址领域,p-中值模型和 p-中心模型主要应用于在固定场所提供服务的应急设施,但也可以应用于各类专业工程抢险救灾单位(如通信、电力、道路工程抢险车辆等)这样的移动服务设施的选址决策问题。这些应急服务设施,应急响应的及时性要求不是很高。

选址问题的经典模型,主要适用于企业在满足客户需求的基础上,使设施建造费用、生产费用、运输与配送费用及库存费用最小化的设施选址问题。但由于应急领域的设施选址与传统企业设施选址相比具有特殊性,传统的选址模型很难满足应急资源布局要求,于是国内外很多学者更加重视并研究应急设施选址问题。

在应急设施选址问题中,很多学者从限定时间和成本问题入手,即在限定时间内,如何以最小的成本到达服务设施需求点。Harewood(2002)[20]采用设施覆盖问题中的排队论的方法,计算了应急设施在应急时间内到达的概率,再

以最小成本为目标对救护车的部署和调度问题进行了研究。以时间和成本作为模型的约束条件的研究文献还包括 Brotcorne（2003）[21]、Goldberg（2004）[22]以及 Alsalloum(2006)[23]等。方磊（2003，2004，2005）[24-26]在考虑了满足应急系统时间紧迫性的前提下，给出了基于系统的费用最小数学模型，并提出了基于分支界定、数据包络分析方法（DEA）等方法的应急布局最优模型。孙文秀等（2007）[27]认为，在已有的优化目标的数学模型中，所给出的求解方法经检验并不适用于所有的实际情况，作者对已有的方法进行了改进和修补，给出了一个实际应用的适用于任意网络的算法。

在各类突发事件中，应急服务设施选址涉及经济、技术、社会、安全等诸多因素。于是很多学者提出了基于多目标的应急服务设施布局模型：Galvao（2005）[28]和 Hari（2008）[29]分别以分阶段的方式对应急设施的布局选址问题进行分析，并以限制时间、运行成本以及设施覆盖率问题为约束条件进行了建模；Hari（2009）[30]等在文献[29]的基础上同时考虑了应急设施到达概率问题，采用了随机规划范式对分阶段模型进行了研究。尤文等（2008）[31]利用多目标免疫算法，给出了一种多目标城市应急设施布局选址问题的数学模型，并进行了有效性验证；韩强、宿洁（2007）[32,33]在带限期约束的应急服务设施选址模型的基础上，通过对搜索操作和参数合理设置，利用模拟退火算法，提出了多目标的应急设施布局问题的模型。杨锋等（2008）[34]认为，将 DEA 用于应急设施布局决策具有合理性，作者考虑了道路特性，对多个设施布局问题进行了研究。魏汝营（2009）[35]等综合考虑应急设施选址的效率性、公平性和成本等多方面因素，建立了一个多目标决策模型，采用线性加权和法求解该模型。贺小容（2010）[36]等根据应急系统的特性，提出了基于 p-中值问题的应急系统多层级选址问题，作者所探讨的应急服务设施分为两层，其中高层能提供的服务包括低层能提供的服务。需求的流动可以从需求点直接到高层级的应急设施，也可以从需求点先到层级低的应急设施，再由层级低的应急设施转到层级高的应急设施。在需求多方向地流向应急系统及层级系统之间有不同容量限制的背景下建立了整数规划模型，并借助于 Matlab 软件进行算例分析。

由于设施选址问题属于 NP-Hard 问题，对于大规模数据的问题，传统的精确求解方法很难在有效时间内求出可行解和最优解,需要启发式算法对模型进行求解。设施选址模型求解的启发式算法方法主要有:禁忌搜索[37]、遗传算法[38]、拉格朗日松弛算法[39]等。这些启发式算法同样适用于应急服务设施选址模型的求解。方磊(2006)[40]利用偏好 DEA 方法对应急设施选址进行了研究。韩强(2007)[32]对多目标应急设施选址问题的模拟退火算法进行了研究。赵远飞、陈国华(2008)[41]等分析了影响应急系统选址的各种因素,包括综合技术因素、经济因素、环境因素以及社会因素四个方面,建立了衡量应急设施布局优劣的指标体系,将改进逼近理想排序法(TOPSIS)引入选址模型,是布局选址方法体系中的一种创新思路。刘洪娟(2010)[42]和郭子雪(2007)[43]等均对应急设施选址模型的遗传算法进行了可行性研究。

上述模型和算法适用于常规突发事件(小规模、时常发生的紧急事件,例如房屋火灾、小型交通事故等)的服务选址决策问题,并具有很强的适用性。对于重大突发事件,按照应对常规突发事件布局的服务设施实施救援,则很难应对应急救援过程中的复杂情况。而对于应对重大突发事件的应急服务设施选址问题的研究,国内外有少量文献进行了研究:Jia(2005)[44]提出了重大突发事件下的医疗设施选址问题的框架性模型,并同 Ordóñez(2007)[45]等提出了模型的三类求解方法,即遗传算法、选址-分配算法和拉格朗日松弛算法,并对三类算法的效果进行了比较研究。陈志宗(2006)[46]针对重大突发事件的特点,提出了应急救援设施的多目标规划模型。刘强(2010)[47]通过对重大自然灾害的全面风险分析与评估,建立层次化评价指标体系,应用 AHP 方法建立选址原则层次分析模型,并进行初步定量分析。

1.3.2　轴辐网络布局优化

轴辐网络(Hub & Spoke Network)布局主要集中于两个问题:枢纽(Hub)点选址问题和非枢纽(Spoke)点分配问题。根据非枢纽点分配方式不同,轴辐网络可分为单分配网络和多分配网络。单分配网络是指非枢纽点只能分配给一个枢纽点,而多分配网络中的非枢纽点可以分配给多个枢纽点。单分配枢纽网络中,非枢纽点只能分配给唯一的枢纽点,而多分配枢纽网络中的非枢纽点

可以分配给两个或两个以上的枢纽点。对于
存在单一隶属关系的公共组织或公共机构网
络布局属于单分配的轴辐网络,而复杂的快递
物流网络大多采用多分配轴辐网络。轴辐网
络结构如图 1-1 所示。

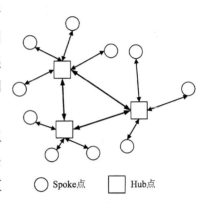

  一是枢纽点之间是完全连通的;二是枢纽
点之间存在着规模经济,即有折扣系数 α
(Discount Factor);三是非枢纽点之间不能直
接相连。最早解决网络中枢纽选址问题的是

○ Spoke点   □ Hub点

图 1-1　轴辐网络结构

Goldman(1969)[48],但 O'Keely(1987)[49] 第
一次提出了枢纽选址问题的数学模型,即在 n 个需求点的网络中,确定 p 个枢
纽设施,目标是使总体的运输成本(时间、距离等)最小:

$$\min \sum_i \sum_j w_{ij} \left(\sum_k X_{ik} C_{ik} + \sum_m X_{jm} C_{jm} + \alpha \sum_k \sum_m X_{ik} X_{jm} C_{km} \right) \quad (1\text{-}12)$$

$$\text{s.t.} \ (n-p+1)X_{kk} - \sum_k X_{ik} \geqslant 0, \ \forall k \quad (1\text{-}13)$$

$$\sum_k X_{ik} = 1, \ \forall i \quad (1\text{-}14)$$

$$\sum_k X_{kk} = p \quad (1\text{-}15)$$

$$X_{ik} \in \{0, 1\}, \ \forall i, k \quad (1\text{-}16)$$

  其中,w_{ij} 表示节点 i,j 之间的流量;C_{ij} 表示节点 i,j 之间的单位运输成
本;α 为折扣系数($0 \leqslant \alpha \leqslant 1$);节点 k,m 为节点 i,j 之间的任意节点;0-1 决策
变量 X_{ik} 等于 1 时表示节点 i 分配给枢纽点 k,否则等于 0;0-1 决策变量 X_{kk} 等
于 1 表示 k 点为枢纽点,否则不是枢纽点。目标函数式(1-12)寻求的是总成本
最小;约束式(1-13)保证当节点确定为枢纽点时,才能将非枢纽点分配给该枢
纽点;约束式(1-14)保证每个节点必须分配给枢纽点;约束式(1-15)是问题中
的枢纽数量的限定;约束式(1-16)说明决策变量属于 0-1 整数变量。模型中的
非枢纽点分配策略是分配给距其最近的枢纽点,但是这样的策略不一定是问题
的最优解,于是 Aykin(1990)[50]研究了在给定枢纽数量的网络中,提出了需求

点 i 分配给不同的枢纽点 k 和 t 之间的目标函数,并给出找到非枢纽点的最优分配方式的程序。

在轴辐网络体系理论及经济分析方面的研究主要有:李阳(2006)[51]系统研究了轴辐网络理论,从轴辐网络形成机理、模型设计、运行以及应用几方面进行深入研究,并提出救灾体系的框架,具有很重要的现实意义。

轴辐网络主要应用于快递网络、航线优化布局方面。张世翔、霍佳震(2005)[52]将轴辐网络应用于长三角地区城市群物流配送网络,提出基于轴辐网络的配送体系,可以在很大程度上提高城市群物流配送的速度和运行效率,同时给出区域物流运输通道建设和城市物流发展规划等方面的相关建议和对策。李红启(2007)[53]提出了轴辐运输型网络的改善方法,以"中途点停靠"的形式改善轴辐网络,并以我国公路快速货运干线运输组织为对象进行实证研究,证明了该方法的可行性。而目前对于轴辐网络中枢纽选址-分配问题的研究则很少,相关文献只有:柏明国(2007)[54]研究了无容量限制的多分配枢纽中值问题,提出了一种基于禁忌搜索和最短路的启发式算法,利用 CAB 数据对算法进行了验证;翁克瑞(2007)[55]研究了多分配枢纽站的最大覆盖选址问题,作者基于Campbell 的模型提出改进模型,并设计了求解该问题的禁忌搜索算法,通过AP 数据验证该算法的计算效果,该算法能够求解 82 个节点规模的选址问题。

轴辐网络在应急领域的应用研究主要集中于轴辐式应急物流网络的框架构建方面。李阳(2006)[51]在其博士论文中将轴辐网络理论应用于救灾物流中,构建了轴辐式救灾物流系统框架,并从救灾物资供应、配送和发放三方面对该系统的功能进行了设计。王菡(2007)[56]等从动力学角度构建了城际多 Hub 的应急物流网络协同模型,以期提高应急系统多个城市间的应急管理水平。施晓岚(2008)[57]对应急物资调度问题进行了研究,提出了基于轴辐式结构的应急物资动态调度网络的三阶段模型,创新了应急物资调度的组织方法。杨雨蕾(2009)[58]研究了基于层级轴辐式网络的应急物流中的成本控制问题,提出建立基于层级轴辐式物流网络的绿色通道来优化运输网络,以达到控制应急物流中的运输成本的目的。

综上所述,轴辐网络在应急领域的应用,目前的研究局限于网络框架的构建、应急物资的调度方式的建立等方面,而对于在应急救援过程中的应急服务设施具体如何布局问题少有研究,尤其是对于应急枢纽设施单分配集覆盖问题更是很少涉及。由于在应对重大突发事件过程中,需要大量的应急服务设施协同合作才能有效应对此类突发事件,所以本书利用轴辐网络的优点和应对重大突发事件的应急需求特点相结合,将轴辐理论应用于应急服务设施布局中,构建应急服务设施轴辐网络,将区域内的服务设施建成相互联动的网络,来应对各类重大突发事件。

1.3.3　不确定性及鲁棒优化

设施选址具有高成本性和不可逆性,并且影响具有长远性。但选址决策制订过程中,面临众多不确定性因素,如模型的参数(成本、需求、距离)等可能发生很大波动,如果仍然利用确定型选址模型进行决策,整个选址决策则面临很大风险。因此,不确定性环境下的设施选址问题得到了众多学者的关注并进行了深入研究。

Rosenhead(1972)[59]等人将决策环境分为确定型、风险型和不确定性决策环境。在确定型环境中,参数已知并且不变;而风险型决策中,参数具有随机性,但分布概率已知,这种决策属于随机优化决策(Stochastic Optimization Problem);不确定性环境中,参数未知并且概率很难估计,这种决策属于鲁棒优化决策(Robust Optimization Problem)。而不确定性环境下的设施选址问题的研究,主要有随机选址问题和鲁棒选址问题。

1. 随机选址问题

近年来,对随机选址问题研究较多,Daskin(2002)[60]等将随机优化应用于在需求不确定情况下的联合库存-选址模型,并使期望费用最小。Listes 和 Dekker(2005)[61]研究当供应商和需求点在不确定情况下的逆向物流网络问题,引入随机规划模型,使望利润最大。Ye 和 Li(2007)[62]研究了顾客需求服从某一随机分布的车辆路径选择与选址结合的随机优化问题。Miranda 和 Garrido(2008)[63]研究了需求随机的情况下如何对物流分配中心选址的问题,考虑了选址-分配-库存相结合的三层供应链模型。Schütz(2008)[64]等研究了在需求量和费用不确定情景下,构建了目标函数为期望费用最小的两阶段随机规划模型,期望费用包括交通运输期望费用和设施建设及运营期望费用,最后通过拉格朗日松弛启发式算法给出了算例的选址结果。Berman 和 Drezner (2008)[65]在 p 中位选址问题的基础上,考虑了未来可能再建立设施的情况,已知未来建立的不同设施数目的概率,目标函数是使未来建立设施的期望费用最小,并给出了未来最多建立一个设施的启发式算法。此外,Chan(2001)[66]等和 Louveaux(2005)[67]用随机优化方法对不同的选址问题做了深入的研究。

国内学者对随机选址问题研究主要集中在物流中心选址和选址-库存问题:杨波(2002)[68]等对照传统的物流配送中心选址问题提出了一个随机优化的模型,并从数学角度对该模型进行了分析,给出了单配送中心选址问题的一个量化的处理方法。刘尚俊(2009)[69]研究了随机模糊需求的多设施选址问题,作者先引入了一个需求为确定时的多设施物流中心选址模型,然后将需求随机模糊化,考虑了一个具有随机模糊需求的 p-中值选址问题,并给出了一个有效的解法。王榴(2008)[70]、黄松(2009)[71]等分别研究了随机需求下的选址-库存问题,提出了整数规划模型,并利用拉格朗日算法来求解模型。随机选址问题通常集中于商业物流设施选址方面,因为需求的变化比较容易预测,而对于应急服务设施的随机选址问题,由于突发事件发生的概率、破坏程度以及发生地点极具不确定性,应急服务的需求则很难进行预测,所以,应急服务设施不确定选址主要依靠鲁棒优化的方法来解决。

2. 鲁棒选址问题

鲁棒选址问题较随机选址问题的研究少一些。鲁棒优化最早是由 Mulvey (1995)[72]提出以寻求特定情形下随机优化问题的鲁棒解,后来,众多学者对鲁棒优化方法论及其应用进行了大量的研究。

含有不确定性参数的优化模型的一般形式为

$$\min f(x, \xi) \tag{1-17}$$

$$\text{s.t. } g_i(x, \xi) \leqslant 0, \xi \in U, i = 1, \cdots, m$$

$$x \in X$$

其中,x 为变量;ξ 为不确定参数;U 为有界闭凸集合;f, g_i 分别为凸函数;X 为一非凸集合。

则模型(1-17)的鲁棒对应模型可写成:

$$\min f(x, \xi) \tag{1-18}$$

$$\text{s.t. } g_i(x, \xi) \leqslant 0, \ \forall \xi \in U, \ i = 1, \cdots, m$$

$$x \in X$$

鲁棒优化的核心思想是将原始问题以一定的近似程度转化为一个多项式时间内可以解决的凸优化问题,但结果并不精确。所以,鲁棒优化的关键就是如何将模型转化为或逼近为多项式可解的问题。

根据决策者规避风险的偏好不同,鲁棒优化主要又可以分为绝对鲁棒优化(Absolution Robust Optimization)、偏差鲁棒优化(Regret Robust Optimization)、相对鲁棒优化(Relative Robust Optimization)等。

其中,情景(Scenario)是指未来可能发生的一种自然状态,一种情景即为所有参数的一种可能的取值组合。

定义1:情景集 S,S 中每一个元素 s 称为一种可能发生的情景。例如需求和成本的一种可能的取值组合,可称为某一种情景。一般而言,S 为有限集,$|S| = q$,其中 q 为一个常数。

定义2:策略集 A,$x \in A$ 表示一个策略,$C(x, s)$ 表示在所有情景 s 下采用的策略 x 时的目标值。

1) 绝对鲁棒优化(Absolute Robust Optimization)

求解得到的鲁棒解具有最好的最坏目标值。解的最坏目标值是指比较该解在所有可能发生情景下的目标值,最坏的那个值即是其最坏目标值,同时取得该最坏目标值的情景为此解的最坏情景。即绝对鲁棒优化解 x_a 的目标值满足:

$$\max C(x_a, s) = \min \{\max C(x, s)\} \tag{1-19}$$

2) 偏差鲁棒优化(Robust Deviation Optimization)

求解得到的鲁棒解满足在所有可能发生的情景下其目标值与最优目标值

的偏差最大值最小。即偏差鲁棒接 x_d 的目标值满足：

$$\max \{C(x_d, s) - C^*(s)\} = \min_{x \in A} \max \{C(x, s) - C^*(s)\} \quad (1\text{-}20)$$

其中，$C^*(s) = \min\{C(x, s)\}$ 为情景 s 下的最优目标值。

3）相对鲁棒优化（Relative Robust Optimization）

求解得到的鲁棒解满足在所有可能发生的情景下其目标值与最优目标值的差别占最优目标值比例的最大值最小。即相对鲁棒解 x_r 的目标值满足：

$$\max \frac{C(x_r, s) - C^*(s)}{C^*(s)} = \min_{x \in A} \max_{s \in S} \frac{C(x, s) - C^*(s)}{C^*(s)} \quad (1\text{-}21)$$

此外，决策者也可以根据其他的评判策略优劣的规则来选择"鲁棒解"。例如决策者选择策略的规则可以说要求策略在所有情景下对应的目标值与各情景的最优目标值的偏差可以控制在预先设定的范围内，即所选策略 x_p 满足：

$$\frac{C(x_p, s) - C^*(s)}{C^*(s)} \leqslant \lambda, \forall s \in S, \text{或满足} C(x_p, s) - C^*(s) \leqslant c, \forall s \in S$$

其中，λ, c 为事先给定的常数。

应对重大突发事件下的应急服务设施布局设计过程中，存在着很大的不确定性。由于重大突发事件发生的概率、地点、强度等因素的影响，造成应急服务需求分布具有不确定性，应急服务设施布局决策面临很大困难。鲁棒优化是解决不确定性问题的有效方法，本书基于鲁棒优化理论，提出相应的鲁棒优化模型，即双重 λ 鲁棒优化，使得轴辐网络布局具有良好的适应性和鲁棒性，有效降低各类风险。

在鲁棒优化中，概率分布函数是未知的，不确定性参数使用离散的情景或连续的区间范围来进行描述，其目的是找到一个近似最优解，使它对任意的不确定性参数观测值不敏感。设施选址问题的鲁棒优化可分为两类：一类是网络中 minimax 和 maximin 后悔值鲁棒选址问题[73, 74]，具体研究集中在树形网络中严格的 1-中值、1-中心问题（1-Median, 1-Center）[75, 76]和 p-中值、p-中心问题（p-Median, p-Center）[77, 78]的鲁棒模型；另一类是一般性网络鲁棒选址问题的鲁棒的算法[79-82]。

上述模型及算法一般是对商业设施在不确定性环境下的鲁棒问题进行研究,包括物流中心[83],供应链设施[84]选址等,而对于不确定性条件下的应急服务设施的选址问题,相关研究文献很少。

本节对应急服务设施选址问题、轴辐网络布局问题以及不确定性选址问题进行了总结,综合而言,三类问题的研究主要集中于商业选址、常规灾害的设施选址,本书将在前人研究的基础上,针对重大突发事件下的应急服务需求的特点,构建相应的数学模型,改进并设计相应的启发式算法,以期解决应对重大突发事件的应急服务设施布局优化问题。

1.4 研究内容和结构框架

1. 研究内容

本书的主要研究内容包括应急服务设施轴辐网络的框架设计、具体选址-分配设计以及鲁棒优化等。研究内容是依据应对重大突发事件过程中应急服务需求的特点进行研究,具体如下:

1) 应急服务设施轴辐网络布局框架设计

首先分析了重大突发事件下的应急服务需求的特征和如何满足这类需求的问题,借鉴轴辐网络在航空、物流快递、部分应急领域的成功应用,构建了应急服务设施轴辐网络框架,从功能角度分析了非枢纽点设施和枢纽点设施,分析了应急服务设施轴辐网络的运行过程,并对网络顺畅运行的相关措施提出了建议。

2) 应急服务设施轴辐网络中的非枢纽点设施选址优化

非枢纽点设施是应急服务设施轴辐网络的终端,负责应急需求点和应急枢纽设施之间的连接,在突发事件发生之际,直接提供应急服务。非枢纽点设施选址要解决应急需求点多点同时需求和多次需求的问题,并且保证相应的应急服务质量,为此,本书在阶梯形覆盖水平基础上,构建了满足不同服务质量水平下的多重覆盖模型(MQCLP),即多重数量覆盖和多层质量覆盖模型,并根据此类模型的特点,设计了贪婪遗传算法来求解模型,且利用算例来验证模型的正确性和算法的有效性。

3）应急服务设施轴辐网络中的枢纽点设施布局优化

为解决应对重大突发事件过程中的应急服务需求量大、持续时间长等问题，应在应急服务设施布局网络中设立一些集中、分类、分配等调度作用的枢纽点，将区域内，甚至是更大范围内的应急服务设施连接起来，形成彼此联动的网络。本书根据应急服务需求点特点，在经典的枢纽覆盖模型基础上，提出枢纽覆盖半径，在强时效性约束下，构建单分配枢纽集覆盖模型（SHSCP）。为了模型求解方便，对模型进行了线性化改进，同时由于此类问题属于 NP-Hard 问题，设计了改进的遗传算法来对模型进行求解，同样利用算例来验证模型的正确性和算法的有效性。

4）应急服务设施轴辐网络中的绕道、拥堵优化

轴辐网络本身存在着绕道问题，尤其是对于时效性要求比较高的应急服务需求，绕道问题更是成为很大的问题。为此，本书对应急服务设施轴辐网络中的绕道问题进行了研究，设立了"绕道"系数限制。如果网络中的流超过绕道系数限制，本书提出了两种策略，一是增加枢纽点应急设施，二是建立"捷径"直通通道。这两种策略适用于不同的情况，本书对两种策略的优劣进行了比较分析，给出具体策略的适应情况。对于网络中拥堵问题，本书也提出了两种策略：一是建立多分配的枢纽覆盖选址模型，改变网络布局；二是增加非枢纽点设施的分配方式，由原来只分配一个枢纽设施，改变为可以分配给距其最近的其他枢纽点设施。两种策略同样适用于不同的情况，本书对两种策略的优劣性进行了分析对比。

5）不确定性环境下的应急服务设施轴辐网络布局优化

由于应急服务设施选址布局面临不确定性的环境，需要有良好适应性的布局策略来降低不确定性引起的风险。因此本书采用鲁棒优化的方法对应急服务设施轴辐网络布局进行优化，将应急服务设施的重要性权重的不同排列组合，视为不同的情景 s，所有不同组合构成情景集 S，在确定情景模型的基础上，构建了应急服务设施轴辐网络设计的双重 λ-鲁棒优化模型（λ-SASCH），即鲁棒解的函数目标值和最远两点的出行时间与各种情景下的最优值之间的偏差

分别控制在 λ_1 和 λ_2 之内,使得具有较好条件的候选设施点更易选为枢纽点,最远两点的最大出行时间尽量最小。最后研究了如何求解模型鲁棒解问题,给出了算例,比较了鲁棒模型和确定型模型的结果差异,并给出相应的结果分析。

6) 考虑时序特征的应急服务设施轴辐网络选址优化

有些救援工作(如:地震救援)具有很强的时效性,随着不同阶段各项救援工作的依次开展,需要向灾区提供救援装备、医疗器材、后勤保障等不同类型的物资,救援和应急物资配送存在明显的先后顺序。由于不同类别应急物资的时效性要求不同,则需要根据救援和物资配送时序特征划分多个覆盖临界,构造基于多个多层级质量覆盖的选址模型。

综合考虑物资配送时序特征和仓库容量,以最大化覆盖总需求点权重,最大化最低覆盖质量水平和最小化加权最大救援时间为目标,建立了应急设施点多级覆盖选址模型。利用极大模理想点法构造偏差率最小化模型方法和NSGA-Ⅱ算法两种方法进行求解,结合案例,就不考虑和考虑物资配送时序特征与仓库容量的情形进行了对比研究,并比较了两种算法的优劣性。

2. 结构框架

第1章首先介绍问题的研究背景和研究意义,界定了相关概念,综述了应急设施选址问题、轴辐网络布局问题和不确定性选址问题的研究现状,总结了选址理论、轴辐网络理论和鲁棒优化理论并对本书所涉及的基础内容部分进行介绍,作为本书的理论支撑和模型改进的基础,提出本书的研究目标、研究内容、创新点和结构框架。

第2章研究了重大突发事件下的应急服务需求的特点,在此基础上提出了应急服务设施轴辐网络布局框架,并对轴辐网络的运行和相关保障措施进行了研究。

第3章针对应急服务需求的多点同时需求和多次需求的要求,研究了在应急服务设施轴辐网络非枢纽点设施选址优化,提出了阶梯形覆盖水平的概念,并构建了多重覆盖模型,在传统遗传算法的基础上,设计了基于贪婪搜索的遗传算法对模型进行求解,并利用算例对模型和算法的正确性和有效性进行验证。

　　第4章探讨了应急服务设施轴辐网络中的枢纽点设施布局优化,即枢纽点选址非枢纽点分配问题,来解决应对重大突发事件的应急需求持续时间长、需求量大的问题。根据实际情况,在经典模型的基础上,设计并改进了相应的参数,提出了单分配的枢纽覆盖选址模型。依据模型特点,设计了相应的算法,同样利用算例来验证模型和算法的有效性。

　　第5章研究了应急服务设施轴辐网络中的绕道、拥堵优化。针对这两类问题,分别给出了两种不同的策略。对于绕道问题,给出增加枢纽点策略和"捷径"策略;对于拥堵问题,给出多分配枢纽覆盖选址策略和在原基础上增加非枢纽点分配方式策略,并对各自的策略进行对比分析。

　　第6章对应急服务设施轴辐网络布局的优化问题进行了研究。由于轴辐网络布局面临很大的不确定性,利用鲁棒优化方法对模型进行优化,并提出双重λ-鲁棒优化模型并给出了鲁棒解求解的方法,通过算例比较分析了鲁棒模型和确定型模型之间的结果差异,为设计并优化具有良好鲁棒性的应急服务设施轴辐网络提出了决策参考。

　　第7章对考虑时序特征的应急服务设施轴辐网络选址优化进行了研究。考虑应急物资的种类、配送时序特征以及覆盖临界条件,分别构建了考虑时效性差异和不考虑时效性差异的应急设施选址模型,设计了多目标优化算法及NSGA-II算法进行求解,并将该模型实际应用到四川阿坝藏族·羌族自治州地震案例中。

　　第8章对全书内容及研究结论进行总结,并对书中有待进一步深入研究的地方提出后续研究的方向。

第2章
应急服务设施轴辐网络布局优化

重大突发事件具有很强的突发性、高度不确定性、复杂性、强破坏性和衍生性等特征。而有效应对这类重大突发事件,无论是对伤亡人员的救助、物资设备的安全转移,还是卫生防疫、灾后重建等救援活动,都需要有大规模的应急服务投入应急救援工作中。

2.1 应急服务问题背景

在应急救援的不同阶段,应急服务需求呈现不同的特点,各个阶段所需的服务数量和质量都有所不同。图 2-1 是应急活动周期中不同阶段的应急服务需求,从图中可看出,从应急救援部署调度阶段开始,应急资源的需求具有种类繁多、数量巨大、且持续时间长等特点。如 2010 年 8 月 8 日甘肃舟曲特大泥石

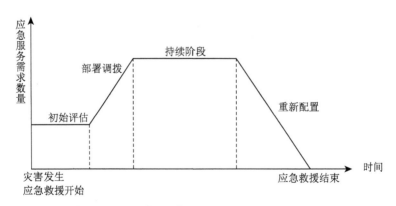

(资料来源:参考并整理文献[91,92]所得)

图 2-1 应急活动周期中不同阶段的应急服务需求

流灾害,造成 1 435 人遇难,330 人失踪[85]。应急工作包括:搜救被埋压人员、清除淤泥、疏通河道、救治伤员、卫生防疫、转移安置受灾群众、运输物资等。其中应急救援初期有 1 214 名公安消防部队官兵投入现场救援工作,应急搜救工作持续 15 天,随后有 300 余警力维持灾区社会秩序稳定。截至 2010 年 8 月 15 日,军队和地方已累计向灾区派出 798 名医疗卫生救援人员。由于泥石流、暴雨而形成的堰塞体堵塞河道,致使舟曲长达 23 天浸泡在洪水和污泥当中,千余名官兵、200 余台挖掘机连续作战进行应急排险以及河道的清淤工作,才得以使舟曲县城全面退水[86]。

在应对重大突发事件的过程中,应急服务需求的特点主要表现如下。

1) 应急服务需求点多

重大突发事件破坏性强,影响面积广,造成多点对应急服务同时需求。2008 年春节期间南方雪灾影响了湖南、江西、贵州、广东等 19 个省区,应急服务资源需求点遍及华中、华南地区。

2) 应急服务需求数量大、种类多

重大灾害影响范围广、受灾人口多,需要的应急服务需求数目巨大,如在"5·12"汶川地震中,仅帐篷的需求量就高达 300 多万顶;同时还需要起重设备、防护用品、救援运载、通信服务等生命支持、生命救助以及污染清理等应急物资和应急服务。

3) 应急服务需求持续时间长

由于重大突发事件产生的破坏性大,而且易发生次生灾害,所以,应急服务需求从开始的应急初期响应到后期的灾后重建完成会持续很长的时间。根据 Hass 提出的城市灾后恢复模型[89],将应急管理活动分为四个阶段,后期阶段的持续时间将是前期阶段的数十倍之多,应急活动持续较长时间,应急服务需求也会持续较长时间(图 2-2)。

4) 应急服务需求的动态变化性

在重大突发事件不同的应急阶段有不同的应急任务,应急需求也不尽相同,应急服务需求具有动态变化性。例如,在地震初期应急的主要任务是尽快救出埋在废墟下的生命,应急服务以救援器械、医疗器械、药品、通信广播和交

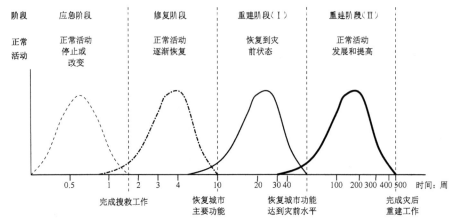

阶段	应急阶段	修复阶段	重建阶段（Ⅰ）	重建阶段（Ⅱ）
正常活动	正常活动停止或改变	正常活动逐渐恢复	恢复到灾前状态	正常活动发展和提高

资料来源：(Vale L, Thomas J. The resilient city. how modern cities recover from disaster[M]. New York: Oxford University Press, 2005.)

图 2-2　应急管理活动周期和灾后恢复时间模型

通运输工具为主；而 72 小时黄金救援时间以后,应急的主要任务则转化为救助伤员、安置灾民,应急需求也相应地转化为对医疗、食品的需求;而到了后期,应急服务以灾后重建及恢复生活、生产为主。

传统的应急服务设施布局是基于常规突发事件,而对于在较短时间内提供大规模应急服务的情况,传统的应急服务设施布局很难有效解决此类问题。虽然应急服务设施相互连接的直通式网络能满足少量应急资源的调度[55],但对于大规模应急资源的调度问题,则易造成调度局面混乱、拥堵或中断等情况,如图2-3所示。

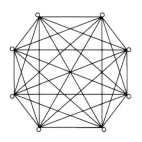

图 2-3　直通式网络结构

为了满足大规模需求下的应急资源集散有序,应在应急资源调度网络中设立一些具有集中、分类、分散等作用的服务设施作为枢纽站(Hub),与其他非枢纽点(Spoke)构成连通网,形成应急轴辐网络(Hub & Spoke Network)。该网络是由许多 O-D 流(Origin-Destination,即从起点到终点)汇聚于一个或两个枢纽站后到达终点,最终形成枢纽站之间集中流动的规模效益;同时,利用枢纽点之间的高速运输、大型车辆运输等优势,进而降低应急轴辐网络中时间和成本。应急轴辐网络不仅可以将大批量应急资源快速集中、调运,使得应急资源集散分级开展,源源不断地送达需求点,适应于满足长期大批量应急需求。而且在网络中,每个枢纽点既是应急资源的集中点,又是应急资源的配送点,使得整个区域的应急资源联动起来,能有效扩大应急资源服务的辐射范围等。

2.2　应急服务设施轴辐网络布局优化

2.2.1　轴辐网络在应急管理领域的应用

轴辐网络呈现良好的范围经济性和密度经济性,并广泛应用于航空网络[90, 91]、物流网络[92, 93](尤其是快递服务网络)、旅游网络[94]等盈利性行业的网络布局,布局注重经济性。而关于应急领域的轴辐网络布局更注重时效性,轴辐网络应用在应急领域,主要体现在规模经济性、网络协同性和联动性等方面。王菡(2007)[56]等人研究了在生物反恐应急活动中,从系统动力学角度建立了传染病模型,并讨论了多 Hub 物流网络协同状态下,应急物资在最短时间内,以最合适的量配送到疫区的方法。本书对城际多 Hub 应急物流网络的协同性进行研究,并说明该网络能够有效控制生物危险源的扩散,提高应急系统在多个城市之间的应急管理水平。葛春景(2010)[95]等研究了多枢纽网络中应急资源的联动性,根据重大突发事件的特点,提出了应急资源联动方式,即城市内的"基于 Multi-Agent 系统城市应急资源联动网络方式"以及城际间的"基于 Multi-Hub 的都市圈应急资源联动网络方式",实现整个轴辐网络中的应急资源的共享与联动。

轴辐网络在国外被成功应用于应急救援、应急物流等领域,例如,在 2004 年印度洋海啸救灾过程中,轴辐网络被应用于泰国应急救援系统[96]。该应急救援系统涉及 392 个组织结构,包括 157 个国家机构,76 个省级机构,57 个灾害发生当地的机构,同时包括 52 个私人组织和 50 个非盈利组织。纷繁复杂的组织结构形成国家层面、国际救援、区域层面和灾区周围的应急救援和应急物资运输的层级轴辐网络,使应急救援活动顺畅、有序。如图 2-4 所示,图中圆点表示组织结构,线条代表组织之间联系互动;应急救援系统形成了以泰国政府、军队、卫生部、外交部等部门为枢纽中心的轴辐网络图。各枢纽负责与其连接的各组织机构的协调、物资调度等救援工作。

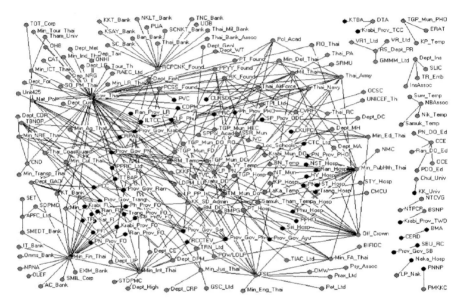

图2-4 海啸应对过程中泰国形成的"国家-省级-地区级应急响应系统"

图2-5中涉及众多国际机构,与国内的应急救援系统相互联系,参与到应急救援过程中。由于海啸发生时正值圣诞时期,50%的伤者是外国游客,需要特别搜救。针对这种需求,外交部需要联系众多国家,使其救护车、专家以及医疗设备能够及时援助应急救援。

轴辐网络也成功地应用于应急物资供应网络中,在联合国开发计划署的应急管理培训计划中,关于应急物流部分中提到了应急物资调运的轴辐网络集散模式,其中在应急物流的轴辐网络中包含三级枢纽,即初级枢纽(Primary Hub),一般是靠近港口或机场的仓库;二级枢纽(Secondary Hub),即大城市中的大型的、永久性的库存场所;三级枢纽(Tertiary Hub),即当地的物资分发中心[99]。从应急储备库(Warehouse)、生产商(Supplier)、捐赠(In - Kind Donations)集聚来的应急物资首先运送到交通便利的初级枢纽,然后物资将统

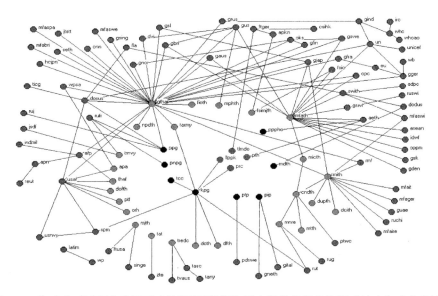

图 2-5　海啸应对过程中泰国形成的"国际组织和国内相关组织机构形成的应急响应系统"

一运送到二级枢纽点进行储存、分类、中转给三级枢纽点，即当地的物资分发中心将物资送到灾民手中，其中从灾区聚集来的物资可以运送到二级枢纽点或三级枢纽点，也可以直接分发给当地灾民。具体流程见图 2-6 所示。

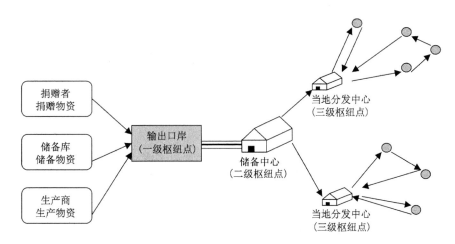

资料来源：UNDP Disaster Management Training Programme，Logistics Modul(1th edition).
网站地址：Http://www.undmtp.org/English/English/logistics/logistics.pdf

图 2-6　轴辐网络在应急物流中的应用

轴辐网络在应急活动中的成功运行,使应急救援系统能够以更畅通的联动和更快的响应速度来应对重大灾害。本书将轴辐网络理论应用到应急服务设施布局网络中,目的是使各级应急服务设施、各类应急服务设施能够在较短时间内集聚应急服务,协同出救,以最短的时间满足多点对应急服务的同时需求、多次需求以及大规模需求的情况,这样能有效扩大应急服务设施的辐射范围,增强应急救援能力,从而有效应对各类重大灾害。

2.2.2 应急服务设施轴辐网络运行

在应对重大突发事件中,应急服务设施轴辐网络的运行主要分阶段来进行,不同的阶段有不同的运行情况,具体如下:

第一阶段:重大突发事件发生后,首先是将距离受灾点最近的几个非枢纽点作为出救点并将其应急服务投入救援过程中,而这些非枢纽点隶属的 Hub 开始对直接参与应急活动的非枢纽点设施进行应急服务的补充输送,而整个区域内的其他枢纽点开始集中应急服务资源,组织动员社会资源进行应急供应,如图 2-7 所示。

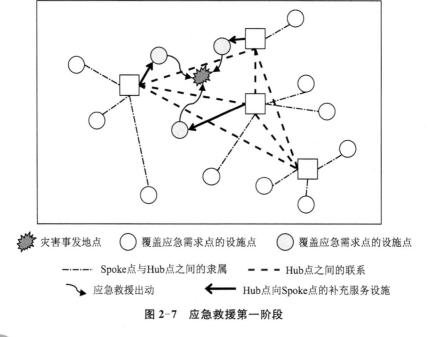

图 2-7 应急救援第一阶段

第二阶段:最近的几个非枢纽点继续对受灾点进行应急服务救援,其隶属的枢纽点继续为该非枢纽点提供支持。隶属该枢纽点的其他非枢纽点则向枢纽点输送应急服务资源。与此同时,根据救灾应急需要,其他区域的枢纽点和非枢纽点继续加强应急资源动员,向他们隶属的枢纽点输送应急服务资源,这些枢纽站点负责整合收集到的服务资源,做好后续救援准备,如图 2-8 所示。

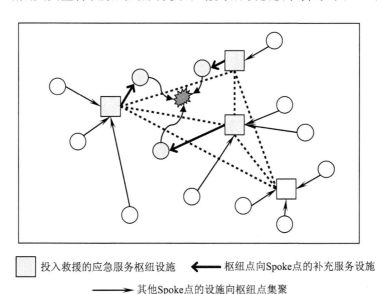

　　▢　投入救援的应急服务枢纽设施　　←━━　枢纽点向Spoke点的补充服务设施

　　━━▶　其他Spoke点的设施向枢纽点集聚

图 2-8　应急救援第二阶段

第三阶段:根据应急服务的需求状况,其他区域的枢纽点根据需求有序地向灾区枢纽点集中输送物资,距离突发事件发生地点较远的非枢纽点,如果存在"绕道"情况,则建立"捷径"直通路线,直接进入灾区进行救援,如图 2-9 所示。

从上述应急救援过程的三个阶段可以看出:应急服务设施轴辐网络将各基层的非枢纽点应急设施和枢纽点应急设施在整个区域内有效联动起来,形成区域应急服务一体化网络。应急服务设施轴辐网络具体的优点主要有:

1) 满足应急物服务的同时需求和多点需求

重大突发事件影响范围大,应急服务需求点多,需求次数多。应急服务设施轴辐网络中非枢纽点应急服务设施在设计时即考虑了这种情况,需求区域被

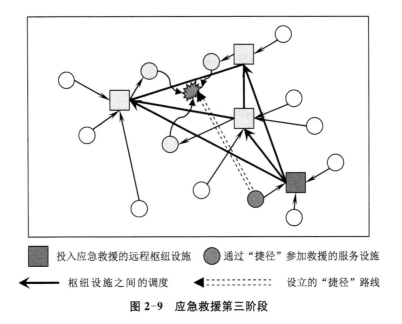

■ 投入应急救援的远程枢纽设施　　● 通过"捷径"参加救援的服务设施

◀━━━━━ 枢纽设施之间的调度　　◀-------------- 设立的"捷径"路线

图 2-9　应急救援第三阶段

多个非枢纽点设施所覆盖,而且多点可以同时出动救援,能够在最短时间内提供多次、同时服务。

2) 满足应急服务的大规模需求

在应对重大突发事件中,应急服务需求将会持续很长的时间,而且需求种类也较多。在应急服务设施轴辐网络中,每个 Spoke 的后边都有强有力的后援力量,即应急枢纽设施,各应急枢纽设施相互连接,能够及时有效地从其他区域内迅速调度应急资源,同时枢纽设施具有分类、中转功能,各种不同的应急服务需求同样能够以大批次的形式抵达应急服务需求点,而且这种供应形式能够使应急服务资源源源不断地集聚,适应于长期提供大批量应急服务资源。

3) 应急服务运输工具分工明确、运送有序畅通

当重大突发事件发生后,通往灾区的道路状况比较严峻,若是有大批量的应急服务车辆集中开往灾区,易造成交通堵塞,延误应急服务的及时到达。轴辐网络结构中各节点之间有专门的运输工具,这些载具在该区域内短线运输,使应急物流更加有效、便捷,避免跨区的检查、收费等手续,降低时间延误。利用主干线上的规模优势,减少运载物资车辆,提高运载速率。

4）扩大应急资源服务的辐射范围

轴辐网络上的每一个节点，具有双向性。一般性网络节点（Spoke）在无灾害发生时，可以成为应急服务出动力量，在灾害发生后也可以从枢纽设施点取得相应的后援力量。每个枢纽点，既是应急服务的集聚点，又是应急服务的配送点，使得整个区域的应急服务设施联动起来，扩大应急服务的辐射范围，能够使较偏远的受灾点同样能得到应急服务。

5）易于对应急服务进行统计、集散、分配等管理工作

重大突发事件发生后，会有很多应急服务设施按时间顺序卷入应急活动中，容易造成无组织、混乱的局面，不利于应急服务设施的合理调配和使用。应急服务设施轴辐网络能够有利于应急枢纽设施的迅速筹集，统计信息准确，避免应急资源积压。利用应急枢纽中心的调度功能，易于分批打包分配，做到应急服务快速送达应急需求地点。

2.3　本章小结

应急服务设施轴辐网络布局能够充分利用轴辐网络的各种优点，通过对非枢纽点和枢纽点的科学选址布局，有效应对重大突发事件对应急服务需求的各类问题。本章也给出了应急服务设施轴辐网络运行的各个阶段，通过各个阶段的应急服务设施的活动，使得区域内所有的应急服务设施联动起来，共同应对各类重大突发事件。

应急服务设施轴辐网络
非枢纽点布局优化

重大突发事件会造成巨大的人员伤亡和财产损失,需要大量应急服务设施同时投入到应急救援工作中。而事发当地或周边地区的应急服务设施的数量和服务质量水平一般是按照应对常规突发事件的标准进行布局设计的,遭遇重大突发事件后,这些服务设施无法满足应急服务需求的多点同时需求和多次需求的情况。因此,针对重大突发事件中的应急服务需求的情况,本章主要研究应急服务设施轴辐网络中的非枢纽点应急设施进行选址布局,使得这些服务设施不仅能够应对常规突发事件对应急服务的需求,而且也能够有效地应对突发事件对应急服务的需求。

3.1 问题背景

应急服务设施为需求点提供服务,即此应急服务设施能够覆盖该需求点。所以,在应急服务设施选址模型中所涉及的基础模型就是覆盖模型,覆盖模型中最经典的两类模型(集合覆盖模型和最大覆盖模型)是其他覆盖问题的基础,而且在此基础上构建的模型一般适用于商业设施选址和应对一般常规突发事件的设施选址问题,其中在上述应急设施选址模型中,存在两个基本假设值得思考。

(1)临界覆盖距离的假设:即如果需求点在临界覆盖距离内,则完全被覆盖,否则,不被覆盖。根据实际情况,此假设过于严格,覆盖距离应有一个机动浮动空间,不同距离的服务设施可提供不同质量水平的服务。

(2)应急服务设施对需求点一次覆盖的假设:这种假设不适用于设施被占用(Busy)或被破坏的情景。重大突发事件会造成多个需求点同时对服务设施的需求,易出现应急服务设施被占用的情况,使得有些需求点无法获得应急服务。Hogan、ReVelle[98]等提出备用覆盖模型(BACOP1 & BACOP2)的两次覆盖。

在备用覆盖模型 1(BACOP1)中,要求每个需求点都必须被服务器覆盖一次的同时,目标是使被覆盖两次的需求点的总价值最大。在实际情况中,可能会因资金预算或政策上的考虑,只能设置固定的 P 服务器,且某些需求点未能被覆盖到,对此,可使用备用覆盖模型 2(BACOP2),该模型是一个双目标优化问题,其目标是将最大化一次覆盖和最大化两次覆盖。但对不同需求点提供相同质量水平的多次覆盖,将造成资源浪费,同时考虑经济成本等约束,所有需求点的多次完全被覆盖未必可行。所以,根据重大突发事件应急服务的特征,应急设施覆盖选址模型需综合考虑以下三点:

(1) 应确定合适的设施选址目标(目标)。

(2) 对每个需求点覆盖的设施数目(设施数量)。

(3) 设施覆盖需求点的不同距离(服务质量)。

因此,应根据需求点的重要程度(权重)不同,对覆盖质量进行等级划分,采取有所差异的服务质量水平的形式,在满足基本覆盖要求的同时,对重要的需求点进行多重覆盖,同时考虑重大突发事件对服务设施能力破坏等情况,构建数学模型。

应急问题中最显著的特点是强时效性。一般而言,突发事件造成的损失与事件持续时间成正相关关系,应急服务到达时间越早,损失越小,即应急服务设施距离需求点越近,服务越及时,损失则越小。

例如,在我国火灾救援过程中,规定消防队必须在 15 分钟内到达火灾现场并实施扑救,这样才能有效防止火势蔓延,但火灾有一个最大持续时间,即消防不成功,燃烧物的燃尽自灭时间。火灾损失与扑救延时两者之间的数值关系可近似表示为线性增函数[99],

即：
$$L = \begin{cases} 0 & T < 15, \\ a(T-15) & 15 \leqslant T \leqslant T_{max}, \\ L_{max} & T > T_{max}. \end{cases}$$

其中　L——火灾损失值;

T——扑救前的火灾延时；

a——损失随扑救延时的增益系数，可考虑各自系统燃烧的对象的价值、易燃性等因素，进行评估得出；

T_{max}——火灾最大持续时间，即当消防不成功，可燃物燃尽而自灭的时间；

L_{max}——消防不成功时的最大损失值。

根据上述例子，本书对覆盖临界距离的界定引入两个概念，即最小临界距离 D_L 和最大临界距离 $D_U(D_L < D_U)$。假设需求点在最小临界距离内，则认为完全覆盖，设施提供高质量覆盖服务；需求点在最大临界距离内是基本覆盖，提供一般质量服务；需求点到服务设施的距离超过最大临界距离，则认为不被覆盖。如图 3-1 所示，设施点 1 在最小临界范围之内，完全覆盖其服务的需求点 i；设施点 2 在最小临界和最大临界距离中间，为需求点 i 提供基本覆盖服务；设施点 3 与需求点 i 之间的距离超过最大临界距离 D_U，则不能为需求点 i 提供服务。以上是关于对覆盖临界距离的界定，也可以用临界时间来代替，即最小临界时间 T_L 和最大临界时间 $T_U(T_L < T_U)$。

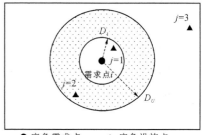

● 应急需求点　　▲ 应急设施点
D_L 最小临界距离　　D_U 最大临界距离

图 3-1　不同等级的覆盖水平

不同覆盖距离提供不同覆盖质量水平的阶梯形覆盖模式比较合理，考虑了不同距离的覆盖情况，对于每一个需求点，可能有多个设施对其提供不同覆盖水平的服务。

不同的覆盖距离提供不同的覆盖质量，即覆盖距离和覆盖质量之间存在着一定的函数关系。覆盖满意度函数可表述为覆盖距离（时间）与服务满意率之间的关系来表示。最早提出利用模型中覆盖水平函数替换覆盖或者不被覆盖的两种情况的是 Church 和 Roberts[100]，其他的学者也在此基础上进行了研究，以下是几个可能的覆盖水平函数[101, 102]。

设 I 为应急需求点集合 $(i \in I)$；J 为应急服务设施点候选集合 $(j \in J)$；d_{ij} 为设施点 j 到需求点 i 的出行时间；$F(d_{ij})$ 表示设施点 j 到需求点 i 的响应距

离的覆盖服务水平函数;$F(d_{ij})$可能是连续的或离散的,也可能是线性的或非线性的。

1) 线性覆盖满意度函数

线性覆盖满意度函数(Linear Covering Satisfaction Function)是将需求点等待时间或从需求点到服务站的行程距离或行程时间转换成服务满意度的最简便的方法。当需求点数据有限或服务满意水平随等待时间的加长而均匀降低时,可以使用这一函数。函数式(3-1)和图 3-2 说明了线性覆盖满意度函数的特点。

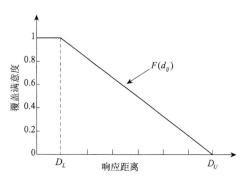

图 3-2　线性覆盖满意度函数

$$F(d_{ij}) = \begin{cases} 1 & d_{ij} \leqslant D_L, \\ \dfrac{D_U - d_{ij}}{D_U - D_L} & D_L < d_{ij} \leqslant D_U, \\ 0 & d_{ij} > D_U. \end{cases} \quad (3\text{-}1)$$

2) 凹凸覆盖满意度函数

凹凸覆盖满意度函数(Convex/Concave Covering Satisfaction Function)可以由函数式(3-2)和函数式(3-3)表示,应用于临界阀值 D_L 和 D_U 附近时的时间满意度较敏感的情况,如图 3-3 所示。

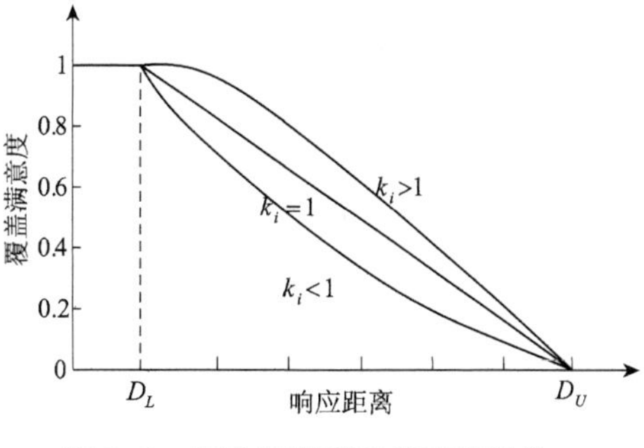

图 3-3　凹凸函数覆盖满意度函数

$$F(d_{ij}) = \begin{cases} 1 & d_{ij} \leqslant D_L, \\ 1 - \left(\dfrac{d_{ij} - D_L}{D_U - D_L}\right)^{k_i} & D_L < d_{ij} \leqslant D_U, \\ 0 & d_{ij} > D_U. \end{cases} \quad (3\text{-}2)$$

式中 k_i，$\forall i \in I$ 是时间敏感系数，当 $k_i > 1$ 时，曲线是凸的；当 $k_i = 1$ 时，函数式变成和线性时间满意度曲线相同的函数，在 $[D_L，D_U]$ 之间是一条直线；当 $d_{ij} \in [D_L，D_U]$ 时，函数式(3-2)通过点 $\left[\dfrac{D_L + D_U}{2}，\dfrac{1}{2}\right]$ 呈对称关系的函数可以表述为函数式(3-3)。

$$F(d_{ij}) = \begin{cases} 1 & d_{ij} \leqslant D_L, \\ \left(\dfrac{d_{ij} - D_L}{D_U - D_L}\right)^{k_i} & D_L < d_{ij} \leqslant D_U, \\ 0 & d_{ij} > D_U. \end{cases} \tag{3-3}$$

3）余弦分布覆盖满意度函数

余弦分布覆盖满意度函数（Cosine Distributed Covering Satisfaction Function）是从余弦函数曲线的 $\pi/2$ 到 $3\pi/2$ 的部分截取得到的，该曲线在临界阈值 D_L 和 D_U 附近的覆盖满意度变化较小，曲线中间部分的斜率较大。见函数式(3-4)和图 3-4。

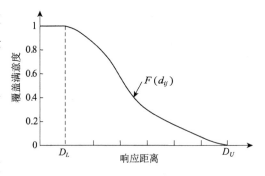

图 3-4　余弦分布覆盖满意度函数

$$F(d_{ij}) = \begin{cases} 1 & d_{ij} \leqslant D_L, \\ \dfrac{1}{2} + \dfrac{1}{2}\cos\left(\dfrac{\pi}{D_U - D_L}\left(d_{ij} - \dfrac{D_U + D_L}{2}\right) + \dfrac{\pi}{2}\right) & D_L < d_{ij} \leqslant D_U, \\ 0 & d_{ij} > D_U. \end{cases}$$
$$\tag{3-4}$$

4）离散阶梯形覆盖满意度函数

在阶梯分段函数，用 S_{ij}^r 表示第 i 个需求点到设施点 j 之间的距离在 $[d_{ij}^{r-1}，d_{ij}^r]$ 区间时的覆盖满意度，$r = 1，2，\cdots，R$，显然，$1 = S_{ij}^1 > S_{ij}^2 > \cdots > S_{ij}^R = 0$，且 $D_L = d_{ij}^1 < d_{ij}^2 < \cdots < d_{ij}^R = D_U$，这样，离散阶梯形覆盖函数可以表示成函数式(3-5)，图 3-5 描述了一种可能的离散阶梯形覆盖满意度

函数[103]。

$$F(d_{ij}) = \begin{cases} 1 & d_{ij} \leqslant D_L; \\ S_{ij}^r & d_{ij}^{r-1} < d_{ij} \leqslant d_{ij}^r, \quad r \in [2, R] \quad \forall i \in I, \forall j \in J; \\ 0 & d_{ij} > D_U. \end{cases}$$

$$(3-5)$$

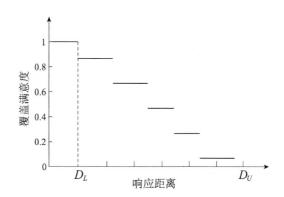

图 3-5　一种可能的离散覆盖满意度函数

在本书中,为了模型计算方便,假设覆盖满意度函数随着设施与需求点之间距离的增加而降低,且呈线性关系,当需求点 i 到设施点 j 之间的距离 d_{ij} 大于或等于 D_U 时,覆盖满意度函数值为 0。

覆盖水平函数与覆盖满意度函数、覆盖的设施数量呈正相关的关系,即覆盖满意度高、覆盖的设施数量多,则覆盖水平高。本书设定覆盖水平函数表达式为

$$C_i = \begin{cases} 1 & d_{ij} \leqslant D_L; \\ 1 - \prod_{j \in R} [1 - F(d_{ij})] & D_L < d_{ij} < D_U; \\ 0 & d_{ij} \geqslant D_U. \end{cases}$$

$$(3-6)$$

其中, $F(d_{ij}) = \dfrac{D_U - d_{ij}}{D_U - D_L}$, $d_{ij} \in (D_L, D_U)$;R 代表覆盖需求点 i 的服务设施,$R \subset J$。

3.2 MQCLP 模型

在覆盖问题研究基础上,构建了满足不同服务质量水平下的多重覆盖模型(Multi-Quantity & Quality Covering Location Problem,MQCLP),即多重数量覆盖和多重质量覆盖模型。多重数量覆盖是指在满足覆盖距离的情况下,为需求点提供多个设施的覆盖,即多次覆盖;多层级质量覆盖指应急需求点获得不同的、阶梯形的距离覆盖。MQCLP 模型具体如下:

在某一灾害应急情景 s 下,假设

I:应急需求点集合($i \in I$);

J:应急服务设施点候选集合($j \in J$);

P:限定的应急服务设施数量;

$$x_j = \begin{cases} 1 \text{ 应急服务设施 } j \text{ 被选中} \\ \quad 0, \text{否则} \end{cases};$$

$$z_{ij} = \begin{cases} 1 \text{ 需求点 } i \text{ 被设施 } j \text{ 覆盖} \\ \quad 0, \text{否则} \end{cases};$$

$$u_i = \begin{cases} 1 \text{ 需求点 } i \text{ 被覆盖} \\ \quad 0, \text{否则} \end{cases};$$

M_i:需求点 i 的人口数量;

e_i:在灾害情景 s 下,重大地震事故对需求点 i 的影响程度系数;

β_{is}:在灾害情景 s 下,重大地震事故对需求点 i 影响的概率,需求点 i 在灾害情景 s 下的需求权重可以用 $\beta_{is} \times e_{is} \times M_i$ 来表示;

C_i:需求点 i 被覆盖服务水平,$0 \leqslant C_i \leqslant 1$,其中,$C_i = 1$ 表示完全覆盖,$C_i = 0$ 表示没有设施提供服务;

Q_i:根据需求点的重要程度 $\beta_{is} \times e_{is} \times M_i$,来确定需求点 i 至少被覆盖的设施数目;

D_{ij}:需求点 i 到应急服务设施点 j 的距离;

p_{sj}:在灾害情景 s 下,应急服务设施 j 遭破坏,服务能力下降后的能力系数,其中，$0 \leqslant p_{sj} \leqslant 1$。

建立的多重覆盖模型（MQCLP）如下：

$$\max \sum_{i \in I} M_i C_i u_i \tag{3-7}$$

$$\text{s.t.} \ \sum_{j \in J} x_j = P \tag{3-8}$$

$$\sum_{j \in J} z_{ij} p_{sj} \geqslant Q_i u_i \ \forall i \in I, \ \forall s \in S; \tag{3-9}$$

$$z_{ij} \leqslant x_j; \forall i \in I \ \forall j \in J \tag{3-10}$$

$$z_{ij}, x_j, u_i \in \{0,1\}, \ \forall i \in I; \ \forall j \in J \tag{3-11}$$

目标函数式(3-7)表示的是在不同服务质量水平下，P 个设施所覆盖的人口期望最大；约束条件式(3-8)表示需要布局的设施数目是 P；约束条件式(3-9)考虑了灾害对设施服务能力的下降的影响，表示必须保证足够具有服务能力的设施覆盖需求点；约束条件式(3-10)则表示只有当服务设施被选定时，才能为需求点提供服务；约束条件式(3-11)保证 x_j、z_{ij} 和 u_i 为二元整数决策变量。

解决重大突发事件应急服务设施选址问题，首先根据集合覆盖模型，确定在最大临界距离 D_U 内至少需要的应急设施数量 P_U。

设 $a_{ij} = \begin{cases} 1 & d_{ij} \leqslant D_U \\ 0 & \text{否则} \end{cases}$，根据下列模型求解 P_U：

$$\min P_U = \sum_j x_j \tag{3-12}$$

$$\text{s.t.} \ \sum_j a_{ij} x_j \geqslant 1, \ \forall i \in I \tag{3-13}$$

$$x_j \in (0,1) \ \forall j \in J \tag{3-14}$$

通过上述模型得出满足基本覆盖要求的设施数量 P_U，对 P 与 P_U 进行比较，然后确定利用何种模型。如果 $P < P_U$ 时，采用最大覆盖模型（MCLP）；当 $P \geqslant P_U$ 时，采用多重数量和质量覆盖模型（MQCLP）。

3.3 求解 MQCLP 的贪婪遗传算法

基于多重数量和质量覆盖的选址模型和标准的最大覆盖模型一样,属于 NP-Hard 问题,其复杂程度是:$O\left(IC\left(\dfrac{J}{P}\right)\right)$,随着数据规模的增大,很难用列举和数学规划的方法来解决。在本书在启发式算法有效地解决最大覆盖问题基础上,对遗传算法进行了改进,来解决多重数量和质量覆盖选址问题。

3.3.1 算法要素

遗传算法是基于随机搜索的最优化启发式算法,是模仿自然界生物进化的过程的算法(Goldberg,1989),被广泛应用于解决各类最优化问题。遗传算法对问题的可行解进行编码,通过适应度函数构成优胜劣汰、适者生存的"自然环境",种群通过遗传、交换、突变等不断演化,产生出新的更加优良的种群,这样经过若干代的进化,最终求得问题的最优解。遗传算法步骤[103]如下:

STEP1:选择问题的一个编码;给出一个有 N 个染色体的初始群体 POP(1),$t=1$;

STEP2:对群体中 POP(t)中的每一个染色体 $pop_i(t)$ 计算它的适应度函数,$f_i = fitness\left[pop_i(t)\right]$;

STEP3:若停止规则满足,则算法停止;否则,计算概率;$p_i = \dfrac{f_i}{\sum\limits_{i=1}^{N} f_i}$,$i=1$,

$2,\cdots,N$,并以概率分布从 POP(t)中随机选出一些染色体构成一个种群:NewPOP($t+1$)$=\{\, pop_i(t) \mid j=1, 2, \cdots N \,\}$;

注:NewPOP($t+1$)集合中可能重复 POP(t)中的一个元素;

STEP4:通过交换,得到一个有 N 个染色体的 CrossPOP($t+1$);

STEP5:以一个较小的概率 p,使得染色体的以讹基因发生变异,形成 MutPOP($t+1$);$t:t+1$,一个新的群体 $POP(t)=$ MutPOP($t+1$);返回 STEP2。

3.3.2　贪婪遗传算法流程

在贪婪遗传算法中,利用两次贪婪技术对标准遗传算法进行了改进,产生优良解和加快算法的收敛速度。在染色体群体初始化时利用贪婪技术来确定较好的初始解(编译成染色体)使父代染色体具有优良的基因。在交叉算子中利用贪婪技术,使得最好的子代染色体能够遗传父代优良基因。改进的遗传算法具体流程如图 3-6 所示。

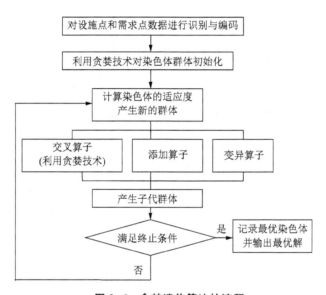

图 3-6　贪婪遗传算法的流程

1. 步骤 1　数据编码、染色体群体初始化

为了编译设施数据,让每一个染色体代表一个问题的可行解,用一个字符串表示一个染色体,染色体的每一个基因代表选择的应急设施,每个染色体中的基因不同(保证每一个设施只能开放一次)且基因的长度和限定的设施数量相同,如果选址问题中限定 5 个应急设施,则基因的个数为 5。如数字串(4,3,1,7,12)表示一个染色体,具有 5 个基因,每一个基因代表着开放的设施地点。

2. 步骤 2　染色体群体的初始规模确定

染色体初始群体中应包含优良染色体和劣等染色体,保证基因的多样性。

为了搜索最好的染色体(问题的最优解),需要将染色体群体初始化:

(1) 用数字代表每一个候选设施点,即从 1 到 J,每个数字代表一个设施点,即染色体的遗传基因。

(2) 基于贪婪技术,从 J 个设施中选择覆盖需求点最多的一个设施,作为第一个基因,然后从 $J-1$ 个设施中选择覆盖最多需求点的设施作为第二个基因,以此类推,直至选择 P 个基因为止。

(3) 通过步骤(2)产生 $[J/P]$ 个染色体。

(4) 随机选择 P 个设施点组成下一个染色体。

(5) 重复步骤(4),直至组成确定数量的染色体为止。

在上述群体初始化确定的过程中,步骤(2)保证群体中包含优良的染色体,步骤(4)保证初始群体中保证染色体的多样性,基于贪婪技术的染色体群体初始化不但不会减缓初始群体的过程,反而会加快此类算法的收敛速度和改善最终解的质量。

3. 步骤 3 遗传算子和子代染色体群体产生

遗传算法利用基因重组,获得更大的搜索空间。在本书改进的遗传算法中,用交叉算子、添加算子和变异算子进行基因重组,获得理想的子代染色体。

1) 交叉算子

利用非标准化的交叉算子进行操作,即合并两个父代基因组成一个新的子代染色体并从原来群体中删除已参加合并的父代染色体,组成的新的染色体无效(基因数量大于 P 值),移除新子代染色体中的多余基因,通过贪婪技术检查每一个染色体的个体基因,移除对目标函数值无明显改善的基因,最终在不超过 $2P$ 个候选基因中选择 P 个基因。贪婪技术保证了产生的子代染色体遗传了父代染色体优良基因,也加速了算法的收敛速度。

2) 添加算子

在交叉算子之后,由两个父代染色体变为一个子代染色体,子代染色体种群中的数量减少了一半,需添加另外的染色体进行补充。随机产生两个新的染色体,进行适应度验证,具有较大适应度的染色体加入子代染色体群体中;剩余的染色体继续和当前子代染色体种群中最劣的染色体比较,如果剩余的染色体优于最劣的染色体,取代之。否则,留有种群中最劣的染色体,去掉随机产生的染色体。使用添加算子的优点主要包括:一是能够扩展搜索空间,保证染色体的多样性;二是新添加的染色体更易提高整体种群的适应度,从而提高搜索到最优解或者接近最优解的可能性。

3) 突变算子

突变算子目的是扩大遗传算法的搜索空间,避免找到解是局部最优解(避免早熟)。在突变算子过程中,随机选取染色体,按照一定的突变概率进行突变,使得染色体中的某些基因随机突变为染色体没有的基因。

4. 步骤 4　算法参数确定

当输入模型参数的数量较小时,面临搜索空间不足的风险,而数目较大时,计算成本很高。在本书的改进遗传算法中,种群的数量根据 J 和 P 值的大小而定。交叉率决定了在每次迭代中交叉算子中所涉及的染色体数目。实验表明,当染色体的种群数目为 100 时,35%的交叉率能够产生较好的解;当种群数目大于 100 时,交叉率为 15%～25%比较合适。一般而言,含有突变算子的遗传算法更易找到优良解,但不同的突变率对算法的收敛速度影响不大,因此设定突变率为 5%～10%来节省运算时间。在本书的交叉算子和突变算子中,采用随机选取的策略对染色体进行选择。

5. 步骤 5　遗传算法适应度检验与评估

在遗传算法的每次迭代中,记录下最好的染色体,直至满足下列任何一个条件时算法终止:

(1) 已经执行了提前确定了的迭代次数的情况。

(2) 在提前确定连续迭代次数内最好的染色体不再发生变化。

(3) 所有的需求点被覆盖。

当算法终止,最好的染色体即是该选址问题的最优解。

3.4　MQCLP 模型在应急服务设施点选择中的应用

某地区有 10 个社区(1～10),当地政府计划在 7 个候选设施地址(A,

B，$\cdots$，G）中选择 5 个做应急服务设施点，规定该地区的应急最小临界覆盖距离 D_L 为 5 公里，最大临界覆盖距离 D_U 为 9 公里。假定每个街区的需求都集中在社区中心，7 个候选设施到 10 个社区中心的行车距离 d_{ij}（公里）及 10 个社区的人口数量（千人）如表 3-1 所示。

表 3-1　候选设施到各社区的行车距离和社区人口数量

社区 候选地	社区 1	社区 2	社区 3	社区 4	社区 5	社区 6	社区 7	社区 8	社区 9	社区 10
候选设施 A	5	4	10	17	15	13	11	7	14	15
候选设施 B	11	5	6	12	14	6	14	13	10	19
候选设施 C	4	5	8	14	11	15	15	4	17	8
候选设施 D	10	13	19	17	13	16	7	15	16	10
候选设施 E	18	16	10	6	4	18	10	15	6	13
候选设施 F	6	4	17	4	7	14	12	12	11	7
候选设施 G	14	19	6	8	12	8	17	14	14	11
人口数量	75	93	47	38	26	34	9	16	22	51

在此例中，假设应急情景已知，并且有所防备。当地政府根据人口分布情况、突发事件发生的概率和突发事件对该社区的影响程度，基于每个社区的需求权重 $\beta_{is} \times e_{is} \times M_i$，确定了每个社区至少需要的设施数量，如表 3-2 所示。具有大权重的需求点表示此点的脆弱性较大，需要更多的应急设施。例如，社区 2 的权重比较大，对于其他点比较而言，此点需要更多的设施。

在此算例中，假设突发事件对应急服务设施的破坏忽视，即 $p_{sj} = 1$。根据模型式（3-12）～式（3-14），当最大临界距离 D_U 等于 9 公里时，至少需要 3 个应急服务设施。本算例中确定的 $P = 5$ 个应急服务设施，采用多重数量和质量覆盖模型进行布局优化。

基于算例的输入参数，利用构建的多重数量和质量覆盖模型，来确定算例中应急服务设施的布局。用 Matlab7.6.0(R2008a)软件按照上述改进遗传算法编程计算此模型,其中染色体群体规模定为 100,交叉率为 35%,突变率为 5%,模型输出结果如表 3-3 所示。

结果显示:设施点应该选择在 B、C、E、F、G,且结果是合理的,因为所有需求点的覆盖次数均被满足,而且具有大权重的需求点如社区 1、社区 2 和社区 3 被多次覆盖,覆盖水平为 1,或接近于 1;社区 3 要求被覆盖次数为 2,而实际达到了覆盖 3 次。满足数量和质量要求的服务设施所覆盖的人口比例达到整体人口的 91.65%,这也说明此模型是非常有效的。若是采用传统的最大覆盖模型得出的解包括(A、C、E、F、G),此解同样满足初始对覆盖次数的要求,但对于社区 3 只能覆盖 2 次,覆盖水平为 0.81;社区 6 的覆盖次数为 1,覆盖水平为 0.13,覆盖人口比例是 81.79%,此解劣于多重数量和质量覆盖模型所求的解。所以,依据多重数量和质量覆盖模型(MQCLP)对应急服务设施进行布局规划,能够解决重大突发事件应急响应过程中需求点多次覆盖和多需求点同时需求的情况,满足不同需求点的不同服务质量水平的要求。

表 3-2　模型输入参数

分类项 社区	人口数量 M(千人)	发生概率 β	影响系数 e	权重 βeM	设施需求数量 Q
社区 1	75	较高 0.7	0.7	36.8	2
社区 2	93	高 0.85	0.8	63.2	3
社区 3	47	高 0.8	0.9	33.8	2
社区 4	38	高 0.9	0.8	27.4	2
社区 5	26	较高 0.7	0.7	12.7	2
社区 6	34	一般 0.5	0.5	8.5	1
社区 7	9	低 0.3	0.3	0.81	1
社区 8	16	一般 0.4	0.4	2.56	1
社区 9	22	低 0.2	0.3	1.32	1
社区 10	51	较高 0.75	0.7	26.8	2

表3-3　基于改进遗传算法的模型输出参数

分类项 社区	人口数量 M	提供服务 的设施	覆盖次数 （计划要求）	覆盖水平 C_i	覆盖的人口数量 $\sum MC_i$
社区1	75	C、F	2(2)	1	75
社区2	93	B、C、F	3(3)	1	93
社区3	47	B、C、G	3(2)	0.95	44.7
社区4	38	E、F、G	3(2)	1	38
社区5	26	E、F	2(2)	1	26
社区6	34	B、G	2(1)	0.81	27.5
社区7	9	E	1(1)	0.88	7.9
社区8	16	C	1(1)	1	16
社区9	22	E	1(1)	0.75	16.5
社区10	51	C、F	2(2)	0.63	32.1

3.5　本章小结

　　本章研究了应对重大突发事件的应急服务设施选址优化。根据重大突发事件应急的特点，引入最大临界覆盖距离和最小临界覆盖距离，对服务水平进行了界定。根据应对重大突发事件应急服务设施布局的要求，建立了多重数量和质量覆盖模型，满足多需求点同时需求和不同质量水平下需求的问题。此模型不仅考虑了重大突发事件的重大破坏性和发生概率低等特点，还考虑了不同覆盖距离提供不同覆盖质量的问题，所以更符合实际情况。本书改进了贪婪遗传算法对模型进行求解，并以算例说明了模型及算法的有效性。

第4章
应急服务设施轴辐网络枢纽点布局优化

应对重大突发事件的过程中,除了应急服务的多点同时需求和多次需求的情况,还有应急服务需求量大,且持续时间长,参与应急活动的应急服务设施需要有源源不断的后续力量支援,即存在为非枢纽点设施提供支持服务的枢纽点设施,这些枢纽点设施能够有效将非灾害区域的应急服务设施联系起来,实现枢纽点应急服务设施的集中、分类、转运等调度功能和指挥中心功能。同时,各枢纽点设施又彼此完全连通,使得整个大区域范围内的设施联动,从而有效扩大应急服务设施辐射的范围,能有效满足重大突发事件中大规模应急服务需求的要求。因此,在非枢纽点应急服务设施中选择一定数量的设施点作为枢纽点,并确定各非枢纽点分配给 Hub 的情况,构成应急服务设施轴辐网络,是本章研究的主要内容。

4.1　问题背景

在应急服务设施轴辐网络布局构建过程中,核心问题就是枢纽点设施位置和数量以及非枢纽点设施的分配方式的确定,从而规划 O-D 流路线。前面章节已经叙述过轴辐网络的分类问题,本书构建的轴辐网络属于标准轴辐网络,即非枢纽点只能与 Hub 联系,而非枢纽点之间不能相互连通。原因是在应急救援初期,在灾害区域内的服务设施都会投入应急活动中,满足多点需求和多次需求的情况,后续的过程即是满足大规模需求的问题,为体现规模经济和密度经济,规定前期没有投入应急活动中的 Spoke 设施点通过枢纽点进行操作,然后分类、分批运送,也从而利用 Hub 设施点之间的时间折扣系数 α,降低单位应急服务资源的时间和成本。在单分配和多分配问题上，即非枢纽点分配给一个枢纽点还是多个枢纽点，考虑到应急服务设施属于公共设施，公共部门管辖，而 Hub 设施和非枢纽点存在着上下级的行政隶属关系，根据行政管理中的单一领导原则。所以，本书一般情况只考虑非枢纽点设施单分配的情况，若有特殊情况，会另外加以说明。

在应急服务设施轴辐网络中，枢纽点选址和一般设施选址问题类似，也有中值选址、中心选址和覆盖选址之分，只是问题研究的目标、对象不同，从而模型也不同。在应急枢纽设施选址-分配(Location-Allocation)问题中，主要考虑的是时效性和全局覆盖性问题，所以，本章主要是以枢纽覆盖模型为基础，结合实际应急服务设施枢纽选址的实际要求，构建新的模型，以期合理布局各应急设施。

根据是否存在枢纽站设置总数的限制，枢纽站覆盖问题可分为枢纽站最大覆盖问题和枢纽站集合覆盖问题。最大覆盖问题要求每一条被服务的 O-D 流能够在规定的时间、费用或距离内从起点经过一个或两个枢纽站后到达终点，枢纽站最大覆盖问题研究如何选择 P 个枢纽站以使被服务的 O-D 流达到最大。

Campbell(1994)[104] 对枢纽站最大覆盖问题给出了单分配模型，此类模型具有 $O(n^4)$ 个变量与约束条件，具体模型如下。

设给定的网络 $G(N,A)$ 中，A 为所有边集合，$N=\{1,2,\cdots,n\}$ 为节点集合。令 h_{ij} 表示从节点 i 到节点 j 的流量，$J=\{(i,j)\mid h_{ij}>0, i,j\in N\}$ 表示所有 O-D 点对的集合；X_{ij}^{km} 表示流 i,j 经枢纽站 k,m 的流量占 h_{ij} 的比例，当 $k=m$ 时表示单点中转；$Y_k=1$ 表示在 k 点选址，否则为 0；二进制变量 Z_{ik} 表示节点 i 是否由枢纽站 k 服务；二进制变量 a_{ij}^{km} 为系数，$a_{ij}^{km}=\begin{cases}1 & \text{流 } i-j \text{ 被候选枢纽点 } k,m \text{ 所覆盖}\\0 & \text{否则}\end{cases}$，则单分配枢纽最大覆盖模型如下：

$$\max \sum_i \sum_j h_{ij} X_{ij}^{km} a_{ij}^{km} \tag{4-1}$$

$$\text{s.t.} \sum_k \sum_m X_{ij}^{km} = 1, \ \forall (i,j) \in J \tag{4-2}$$

$$Z_{ik} \leqslant Y_k，\forall i，k \tag{4-3}$$

$$\sum_k Y_k = P \tag{4-4}$$

$$Z_{ik} + Z_{jm} - 2X_{ij}^{km} \geqslant 0，\forall i，j，k，m \tag{4-5}$$

$$Y_k，Z_{ik} \in \{0，1\}，\forall i，k \tag{4-6}$$

目标函数式(4-1)需求覆盖的流量最大化;约束条件式(4-2)定义二进制 X_{ij}^{km} 表示流 $i-j$ 被覆盖;约束条件式(4-3)表示只有当候选枢纽点 k 被选为 Hub 时,才能让需求点 i 由 k 服务;约束条件式(4-4)表示枢纽的总数限制;约束条件式(4-5)只有当 Z_{ik} 和 Z_{jm} 都等于 1 时才能允许 $X_{ij}^{km}=1$,因为每条流 $i-j$ 会自动选择运输成本最小的一个或两个枢纽点作为中转点,所以,该模型的最优解会自动使 X_{ij}^{km} 取值为 0 或 1;约束条件式(4-6)表示决策变量属于 0-1 整数变量。

同时,Campbell(1994)也建立了单分配枢纽集合覆盖模型:

$$\min \sum_i \sum_j f_k Y_k \tag{4-7}$$

$$\text{s.t.}　(4-3)、(4-5)(4-6)$$

$$\sum_k \sum_m a_{ij}^{km} X_{ij}^{km} \geqslant 1 \tag{4-8}$$

其中,f_k 为枢纽点 k 的建站费用;目标函数式(4-7)寻求总建站费用最小;约束条件式(4-8)确保所有的 O-D 流都被覆盖。

Campbell 提出的枢纽覆盖模型,很好地应用于商业枢纽设施选址方面,例如物流中心选址、中转仓库选址以及银行等选址问题,目标是满足覆盖要求下的费用最小,注重经济性。而应急枢纽设施选址布局则更注重实效性,即以尽快的响应时间来为灾区提供大规模的应急服务,同时要求应急枢纽设施覆盖区域内全部的需求点。因此,本章根据应对大规模应急服务需求的特点,在经典的枢纽覆盖模型基础上,提出枢纽覆盖半径,在强时效性约束下,构建单分配枢纽集覆盖模型(Single-Allocation Hub Set Covering Problem,SHSCP)。

4.2　L-SHSCP 模型

4.2.1　原有模型

应对大规模应急服务需求的 SHSCP 模型是在所有网络节点集合中,选择一定数量的节点作为枢纽点,将其余的非枢纽点分配给枢纽点,满足所有约束下,使枢纽数量最少。模型中参数假设如下。

给定的完全网络 G,$N = \{1, \cdots, n\}$ 为网络中所有节点集合;$J = [(i, j) \mid i, j \in N]$ 表示所有的 O-D 对的集合;

t_{ij}:从节点 i 到节点 j 的直通出行时间,其中 $t_{ij} = t_{ji}$,$\forall i, j \in N$。

$$X_{ik} = \begin{cases} 1 & \text{节点 } i \text{ 被分配给枢纽点 } k \\ 0 & \text{否则不分配} \end{cases}$$,如果 $X_{kk} = 1$,$k \in N$,说明节点 k 是一个枢纽点。

α:表示枢纽点之间存在的时间折扣系数,$\alpha \in [0, 1]$。 由于运送车辆在枢纽点之间具有更高的速度和更具规模的运载量,使得枢纽点之间存在着时间折扣。

r_k:枢纽点 k 的最大覆盖半径,$r_k = \max(t_{ik} X_{ik})$,即所有分配给枢纽点 k 的非枢纽节点中到枢纽点 k 最大出行时间。因为需要利用枢纽之间的规模效益,只有当非枢纽点的应急服务资源全部到达其指派的枢纽站后才能进行操作(分类,合并、装载等),然后再运往其他枢纽点或终点,具体流程如图 4-1 所示。所以 O-D 流从始点 i 到终点 j 经过枢纽点 k,m 的出行时间为:$T_{ij}^{km} = r_k X_{ik} + \alpha t_{km} X_{ik} X_{jm} + t_{jm} X_{jm}$,如果 $k = m$,表示单点中转运输。为了计算简便,对于应急资源的装卸时间在本书中不予考虑,因为装卸时间相对于出行时间相对较短,而且省略后对模型求解不产生影响。

T:表示预设的最大时间约束,即每条 O-D 流的出行时间不能超过预设的最大时间。此时,有 $T_{ij}^{km} \leqslant T$。 例如在应急救援过程中,规定所有的应急救援队伍必须在 24 小时内到达应急现场并开展救援工作,此时 $T = 24$ 小时。

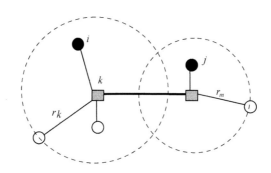

图 4-1　枢纽最大覆盖半径

f_k：表示枢纽点 k 的权重，由于每个候选枢纽点的地理状况、覆盖人口、交通运输能力不同，重要程度也不尽相同。由于本书所求模型是集覆盖模型，目标是求最小问题，所以，重要程度越高的潜在枢纽点，f_k 值则越小，表示越有可能成为枢纽点。

根据我国应急服务设施的实际情况，非枢纽点和枢纽点之间一般存在着行政隶属关系，因此本章只考虑单分配的情景，即一个非枢纽点只能分配给一个枢纽设施点。

依据上述界定和假设，应对大规模应急服务需求的应急服务枢纽设施单分配集覆盖选址模型（SHSCP）如下：

$$\min \sum_{k} f_k X_{kk} \tag{4-9}$$

$$\text{s.t.} \sum_{k=1}^{n} X_{ik} = 1 \ \forall i \in N \tag{4-10}$$

$$X_{ik} \leqslant X_{kk}, \ \forall i, k \in N \tag{4-11}$$

$$t_{ik} X_{ik} \leqslant r_k, \ \forall i, k \in N \tag{4-12}$$

$$r_k X_{ik} + \alpha t_{km} X_{ik} X_{jm} + t_{jm} X_{jm} \leqslant T, \ \forall i, j, k, m \in N \tag{4-13}$$

$$X_{ik} \in \{0, 1\}, \ \forall i, k \in N \tag{4-14}$$

$$r_k \geqslant 0, \ \forall k \in N \tag{4-15}$$

目标函数式（4-9）表示设立的枢纽点的数量最少，保证具有重要程度的候选枢纽点越易成为枢纽点;约束条件式(4-10)表示每一个节点必须分配给唯一的枢纽点;约束条件式(4-11)表示只有该点选为枢纽点时,非枢纽点才能分配给该点;约束条件式(4-12)说明枢纽与分配给该枢纽的节点之间的出行时间必须在最大覆盖半径之内;约束条件式(4-13)保证所有的 O-D 对的出行时间必须在最大时间约束之内;约束条件式(4-14)说明变量是二元 0-1 变量;约束条件式(4-15)是非负约束。

4.2.2 线性化改进模型

上述 SHSCP 模型,由于约束(4-13)使得模型是非线性的,为了减少模型变量的个数,求解方便,现将模型线性化:用约束条件式(4-16)替换约束条件式(4-13):

$$(r_k + \alpha t_{km})X_{ik} + t_{jm}X_{jm} \leqslant T \quad \forall i, j, k, m \in N \qquad (4-16)$$

由约束条件式(4-16)替换约束条件式(4-13)后的模型称为线性单分配枢纽集合覆盖模型(L-SHSCP)。

L-SHSCP:

$$\min \sum_k f_k X_{kk} \qquad (4-17)$$

$$\text{s.t.} (4-10)-(4-12),(4-14)-(4-16)$$

命题 1 SHSCP 模型中的任一可行解也是 L-SHSCP 的可行解,反之亦然。

证明 设 $\hat{X}$ 为 SHSCP 模型的一个可行解。因为在 SHSCP 模型和 L-SHSCP 模型中,除了约束条件式(4-13)和约束条件式(4-16)不同,其余约束条件都相同,所以只需证明 $\hat{X}$ 也适用于约束条件式(4-16)即可。由于约束条件式(4-16)涉及 i, k, m, j 四个参数,因此 $\hat{X}$ 取决于 $\hat{X}_{ik}$ 和 $\hat{X}_{jm}$ 的值,且 $\hat{X}_{ik}$ 和 $\hat{X}_{jm}$ 属于 0-1 变量,故存在四种情况。

例 1 当 $\hat{X}_{ik} = 1, \hat{X}_{jm} = 1$ 时,约束条件式(4-16)的左边和约束条件式(4-13)的左边相等;

例2　当 $\widehat{X}_{ik}=1,\widehat{X}_{jm}=0$ 时,约束条件式(4-16)的左边 $r_k+\alpha t_{km}$,只需证明 $r_k+\alpha t_{km}\leqslant T$ 即可。此时有两种情景:$\widehat{X}_{mm}=1$ 或 $\widehat{X}_{mm}=0$:

当 $\widehat{X}_{mm}=1$ 时,由约束条件式(4-13)可知,对于流 i,m,k 来说,存在 $r_k+\alpha t_{km}+t_{mm}\leqslant T$,所以,$r_k+\alpha t_{km}\leqslant T$;

当 $\widehat{X}_{mm}=0$ 时,根据约束条件式(4-10)可知,故存在一点 $l,l\neq m$,有 $\widehat{X}_{ml}=1$,根据约束条件式(4-13)可知,对于流 i,m,k,l,存在 $r_k+\alpha t_{kl}+t_{ml}\leqslant T$,由于 $t_{km}\leqslant t_{kl}+t_{lm}$ 所以有 $r_k+\alpha t_{km}\leqslant r_k+\alpha(t_{kl}+t_{lm})=r_k+\alpha t_{kl}+\alpha t_{lm}$,由于 $t_{ml}=t_{lm}$,$0\leqslant\alpha\leqslant1$,$r_k+\alpha t_{kl}+t_{ml}\leqslant T$ 所以 $r_k+\alpha t_{km}\leqslant T$,得证。

例3　当 $\widehat{X}_{ik}=0,\widehat{X}_{jm}=1$ 时,约束条件式(4-16)的左边是等于 t_{jm},由于约束条件式(4-10)$\sum_{k=1}^{n}X_{ik}=1$,存在一点 $l,l\neq m$ 使得 $\widehat{X}_{il}=1$,由约束条件式(4-13)可知 $r_l+\alpha t_{lm}+t_{jm}\leqslant T$,故 $t_{jm}\leqslant T$,所以此解也满足约束条件式(4-16)。

例4　当二者都为0时,两约束等号相等,明显成立。

同时,证明任一 L-SHSCP 模型的解也是 SHSCP 模型的解:

让约束条件式(4-16)的左边减去约束条件式(4-13)的左边得:

$(r_k+\alpha t_{km})X_{ik}+t_{jm}X_{jm}-(r_kX_{ik}+\alpha t_{km}X_{ik}X_{jm}+t_{jm}X_{jm})=\alpha t_{km}X_{ik}(1-X_{jm})\geqslant0$,可见约束条件式(4-16)的左边大于等于约束条件式(4-13)的左边,所以,任何适用于约束条件式(4-16)的可行解都同样适用于约束条件式(4-13),得证。

所以,约束条件式(4-16)能够将约束条件式(4-13)线性化。

通过对 SHSCP 的线性化,使得模型的求解较原来容易,但由于覆盖问题已经被证明为 NP-Hard 问题[105],所以,只能利用启发式算法来对模型进行求解,本书根据问题和模型的特点,对遗传算法进行改进,来求解 L-SHSCP 模型。

4.3　应急服务设施轴辐网络枢纽点布局算法求解

遗传算法是基于随机搜索的最优化启发式算法,是模仿自然界生物进化的过程的算法,被广泛应用于解决各类最优化问题。遗传算法最初是由Holland[106]提出,目前该算法广泛应用于各种领域。遗传算法对问题的可行解进行编码,通过适应度函数构成优胜劣汰、适者生存的"自然环境",种群通过选择、交叉、变异等不断演化,产生新的更加优良的种群,这样经过若干代的进化,最终求得问题的最优解,本书根据 L-SHSCP 模型特点,采用设计改进的遗传算法来求解。

1) 解的编码

在改进遗传算法中,每一个染色体(可行解)包含两个序列:"枢纽序列"和"分配序列"。每个序列的长度等于网络总节点数目。在"枢纽序列"中,采用 0、1 编码,1 代表该点为枢纽点,0 代表此点是非枢纽点。在"分配序列"中,如果节点 i 分配给节点 k,则节点 i 的值等于 k。 在"分配序列"中每一个枢纽点分配给其自身,如图 4-2 所示。在具有 8 个节点的轴辐网络中,节点 3 和节点 7 是枢纽点,非枢纽点分配给枢纽点的情况见分配序列,节点 1 分配给枢纽 3,其值等于 3,节点 7 是枢纽点,其值等于 7。

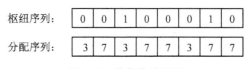

图 4-2　染色体的编码

2) 初始种群的生成

在初始种群生成阶段,应提前确定种群大小规模。在 L-SHSCP 模型中枢纽点的数量是一个决策变量,本算法确定枢纽数量的策略是:在初始种群 75% 的个体中,从序列 $[1, \cdots, n/4]$ 中随机选取一个数字作为枢纽点数量 P,n 代表节点总数;对于其余 25% 个体的枢纽数量从序列 $(n/4, \cdots, n/2)$ 随机选取一数字作为枢纽点的数量 P,这样算法的初始解的枢纽数量可以达到整个网络节点总数的一半。

为了保证种群的多样性,采用随机抽取策略。同时,为了使得具有较好条件(权重较小)的节点更易成为枢纽点,将各节点按照权重大小依次升序排列,构成"带权重节点序列"。对于初始种群 75% 个体的枢纽点,从"带权重节点序列"中按照权重从小到大依次选出相应数量的枢纽点,初始种群 25％个体的枢纽点则从整个节点序列中随机选出。上述比例数据均是从遗传算法参数控制的实际实验中得出。

例如,在初始种群规模为 40,节点总数为 48 的轴辐网络中,30 个个体的枢纽点数目最多可达到 8 个,按照节点权重从小到大依次选出相应数量的枢纽点;其余 10 个个体枢纽点数量最多可达到 24 个,可从整个节点集中随机选出相应数量的枢纽点。

3)选择算子

选择算子是确定如何从父代群体中按照某种方法选址个体遗传到下一代群众中的一个遗传运算。本算法采用由适应度对应的概率分布以轮盘赌确定。每个染色体的适应度函数值是模型中目标函数,即该算法的适应度函数

$$fitness(P) = \sum_{1}^{P} f_k X_{kk}$$

4)交叉算子

本算法交叉策略选择单点交叉方法。首先按照设定的交叉概率选择"枢纽序列"和"分配序列"各一对,在两序列中随机选取同一交叉点,通过交换交叉点的左右两部分构成新的子代个体。如果"枢纽序列"实施单点交叉后,子代个体中没有枢纽点,或者枢纽点的个数等于整个网络的节点个数,则舍弃这两类子代个体,对于"分配序列"的任意个体,如果由于"枢纽序列"的交叉原因,节点 i 分配的节点不是枢纽点,则节点 i 被重新分配距离其最近的其他枢纽点。

在图 4-3 中,在 A_1 序列中节点 3、7 是枢纽点,A_2 序列中 2、6 是枢纽点。实施交叉算子后得到:子代 A_1^0(枢纽点是 2 和 7)、子代 A_2^0(枢纽点是 3 和 6);分配序列实施交叉算子后,得到子代 A_1^*,其中节点 2、4、7 需要重新分配,因为节点 2 和 7 在序列 A_1^0 中已经不是枢纽点,同时也对 A_2^* 中也要进行相应的调整,得到满足要求的分配序列。

5)变异算子

变异算子可以改变遗传算法的局部搜索能力和维持群体的多样性,避免出现早熟现象。本算法的变异算子实施在节点的重新安排阶段,考虑两种变异策

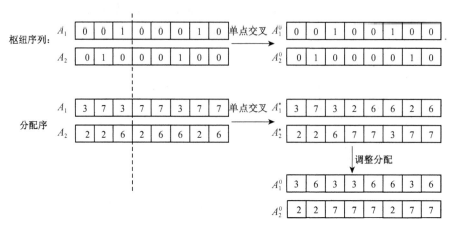

图 4-3 交叉策略

略:移动和交换。

移动变异:选择一个非枢纽点,随机分配给其他的枢纽点。如果该序列中只有一个枢纽点,则此类变异算子不能适用。

交换变异:随机选择两个非枢纽点并且进行交换。发生变异的序列至少需要有两个枢纽点和两个非枢纽点,如果序列中只有一个枢纽点或者只有一个非枢纽点,此类变异算子不能适用。

在本书的遗传算法中,均用到了这两类方法来选择个体,按照事先确定的变异率选择具有较好适应度函数值的个体进行变异。

6)算法终止规则

规则1:给定一个最大的遗传代数 max GEN,算法迭代代数在达到 max GEN 时停止,输出最优适应度函数值。

规则2:给定在规定迭代次数内(GEN_C)适应度函数值改变的偏差度 ε,如果超过规定次数 GEN_C 后,函数值改变值 $\Delta fitness(P) \leqslant \varepsilon$,算法终止并输出最优适应度函数值。

在算法迭代过程中,只需满足上述任何一项规则即可停止运算,输出最优适应度函数值,即模型的目标函数值,同时记录此刻的染色体,即表示 Hub 的最优选址方案和非枢纽点的最优分配方案。

4.4　L-SHSCP 模型实际应用及分析

本算例主要是验证模型与算法的有效性。某地区有 20 个应急服务设施点,各设施之间的最短出行时间及各点的位置布局如表 4-1 和图 4-4 所示。规定在 20 个应急服务设施中选择一定数量的设施作为枢纽点,在满足规定的最大达到时间约束下,覆盖所有的设施点。

表 4-1　20 个应急服务设施之间的出行时间(分钟)

	1	2	3	4	5	6	7	8	9	10	11	12	13	14	15	16	17	18	19	20
1	0	605	279	269	337	332	212	165	265	545	411	511	218	146	473	420	247	104	330	123
2	605	0	331	801	943	821	614	765	669	905	260	90	837	574	769	283	549	656	936	729
3	279	331	0	516	616	525	317	442	372	609	129	242	510	247	473	176	289	330	609	402
4	269	801	516	0	376	516	477	112	524	750	648	740	229	426	732	536	259	363	459	288
5	337	943	616	376	0	251	449	288	401	423	748	848	133	419	641	750	544	348	130	217
6	332	821	525	516	251	0	248	412	145	194	621	741	307	309	420	681	579	228	150	224
7	212	614	317	477	449	248	0	373	96	376	414	534	363	73	341	473	448	107	396	231
8	165	765	442	112	288	412	373	0	420	646	574	674	142	311	628	519	272	257	372	183
9	265	669	372	524	401	145	96	420	0	279	469	588	356	151	218	528	513	159	301	240
10	545	905	609	750	423	194	376	646	279	0	705	825	541	437	241	765	793	740	271	461
11	411	260	129	648	748	621	414	574	469	705	0	144	642	379	569	227	426	762	741	534
12	511	90	242	740	848	741	534	674	588	825	144	0	742	479	689	217	488	562	841	634
13	218	837	510	229	133	307	363	142	356	541	642	742	0	331	575	617	411	261	216	131
14	146	574	247	426	419	309	73	311	151	437	379	479	331	0	388	407	369	82	408	205
15	473	769	473	732	641	420	341	628	218	241	569	689	575	388	0	629	737	445	588	541
16	420	283	176	536	750	681	473	519	528	765	227	217	617	407	629	0	273	491	752	545
17	247	549	289	259	544	579	448	272	513	793	426	488	411	369	737	273	0	352	577	371
18	104	656	330	363	348	228	107	257	159	740	762	562	261	82	445	491	352	0	325	130
19	330	936	609	459	130	150	396	372	301	271	741	841	216	408	588	752	577	325	0	209
20	123	729	402	288	217	224	231	183	240	461	534	634	131	205	541	545	371	130	209	0

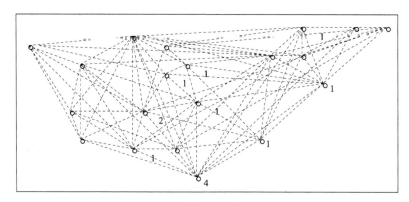

图 4-4 算例中 20 个应急设施点布局位置

根据每个设施点的地理状况、覆盖人口、交通运输能力等情况,通过事先确定的应急服务设施评价指标体系,对每个候选枢纽点的重要程度进行综合打分,即获得各候选设施点的重要性权重。见表 4-2,其中表述数据越小,则权重越小,越容易被选中成为枢纽点。

表 4-2 20 个应急服务设施的权重

设施点	1	2	3	4	5	6	7	8	9	10	11	12	13	14	15	16	17	18	19	20
权重	55	72	28	67	53	49	52	40	36	78	45	53	47	39	41	48	59	46	57	42

(注:表中的数据,假设权重最大取 100,最小为 0,权重量纲大小与模型求解无影响,只需区分各点作为候选点的优劣程度即可。)

将上述改进遗传算法编译成 Matlab 程序,在 Matlab R2008a 中对 L-SHSCP 模型进行数值试验,算法涉及的相关参数设定如下:种群规模为 100,最大遗传代数 max GEN 为 200,交叉概率为 0.6,变异概率为 0.1,GEN_C 等于 50,$\varepsilon = 0.001$。基于上述参数的算法,分别对 L-SHSCP 模型在电脑(配置)上进行计算。对 L-SHSCP 模型,折扣系数 α 依次取值为 0.4、0.6 和 0.8;最大时间约束 T 分别取值 720、960、1 200 和 1 440 分钟。为了验证模型中的解随数据规模变化的情况,分别对算例中候选设施点数量 $N=10$、$N=15$、$N=20$ 三种情况进行求解,来验证模型的有效性和分析各参数的变化情况,模型的求解结果如表 4-3、表 4-4 所示。

通过改进的遗传算法对算例进行求解,从结果可以看出,当 T 不变,时间折

扣系数 α 从 0.4 增加到 0.6、0.8 时,目标函数值不断增大(如表 4-4、表 4-5 所示,由于表 4-3 数据规模较小,趋势不明显)。例如当 $n=15,T=720$ 时,目标值从原来的 104 增加到 136,说明随着枢纽与枢纽之间的运行时间折扣不明显,经过枢纽点 O-D 流的出行时间增加,使得有些流线不满足 T 的约束,枢纽点位置发生变化,原来适合做枢纽点的设施点已经不能满足要求,只能寻求重要程度次之的设施点,使得目标值上升。同时布局发生改变,由于折扣系数 α 影响不是特别大,所以,枢纽数量没有发生改变,即都是 3 个。

表 4-3　$n=10$ 时模型求解结果

n	α	T	枢纽个数	枢纽分布 枢纽点(分配给该枢纽点的非枢纽点)	CPU 运行时间	目标值
10	0.4	720	3	3(2,7),8(4,5),9(1,6,10)	14.1	104
		960	2	3(1,2),7(4,5,6,8,9,10)	12.4	80
		1 200	2	3(1,2,8),9(4,5,6,7,10)	13.0	64
		1 440	1	3(1,2,4,5,6,7,8,9,10)	12.4	28
	0.6	720	3	3(2,7),8(1,4,5),9(6,10)	12.7	104
		960	2	3(2),7(1,4,5,6,8,9,10)	12.4	80
		1 200	2	3(1,2,4,8),9(5,6,7,10)	12.7	64
		1 440	1	3(1,2,4,5,6,7,8,9,10)	12.3	28
	0.8	720	3	3(2),8(4,5),9(1,6,7,10)	12.4	104
		960	2	3(2),7(1,4,5,6,8,9,10)	12.5	80
		1 200	2	3(1,2,6,8),9(4,5,7,10)	12.1	64
		1 440	1	3(1,2,4,5,6,7,8,9,10)	12.1	28

表 4-4　$n=15$ 时模型求解结果

n	α	T	枢纽个数	枢纽分布 枢纽点(分配给该枢纽点的非枢纽点)	CPU 运行时间	目标值
15	0.4	720	3	3(1,2,10,11), 8(4,5,13),9(6,7,14,15)	32.7	104
		960	2	3(1,2,11),14(4,5,6,7,8,9,10,12,13,15)	33.8	67
		1 200	1	14(1,2,3,4,5,6,7,8,9,10,11,12,13,15)	30.1	39

（续表）

n	α	T	枢组个数	枢组分布 枢组点（分配给该枢组点的非枢组点）	CPU运行时间	目标值
		1 440	1	3(1,2,4,5,6,7,8,9,10,11,12,13,14,15)	30.5	28
	0.6	720	3	1(4,5,8,13),3(2,11,12),9(6,7,10,14,15)	39.2	119
		960	2	3(1,2,8,9,12,14,15),7(4,5,6,10,11,13)	39.6	80
		1 200	1	14(1,2,3,4,5,6,7,8,9,10,11,12,13,15)	30.3	39
		1 440	1	3(1,2,4,5,6,7,8,9,10,11,12,13,14,15)	30.5	28
	0.8	720	3	1(3,4,5,8,13),9(6,7,10,14,15),11(2,12)	34.2	136
		960	2	3(1,2,7,8),14(4,5,6, 9,10,11,12,13,15)	35.1	67
		1 200	1	14(1,2,3,4,5,6,7,8,9,10,11,12,13,15)	30.5	39
		1 440	1	3(1,2,4,5,6,7,8,9,10,11,12,13,14,15)	32.6	28

表4-5　$n=20$ 时模型求解结果

n	α	T	枢组个数	枢组分布 枢组点（分配给该枢组点的非枢组点）	CPU运行时间	目标值
20	0.4	720	3	3(2,11,12,16,17), 8(1,4,5,13,20), 9(6,7,10,14,15,18,19)	95.8	104
		960	2	3(1,2,9,11,16), 14,(4,5,6,7,8,10, 12,13,15,17,18,19,20)	86.0	62
		1 200	1	14(1,2,3,4,5,6,7,8,9,10,11,12,13, 15,16,17,18,19,20)	73.6	39
		1 440	1	3(1,2,4,5,6,7,8,9,10,11,12,13,14, 15,16,17,18,19,20)	80.5	28
	0.6	720	3	3(2,11,12,16,17), 9(6,7,10,14,15, 19),13(1,4,5,13,18,20)	114.3	111
		960	2	3(1,2,7,11,12,15,17), 14(4,5,6, 8, 9,10, 13,16,18,19,20)	89.6	67
		1 200	1	14(1,2,3,4,5,6,7,8,9,10,11,12,13, 15,16,17,18,19,20)	73.0	39
		1 440	1	3(1,2,4,5,6,7,8,9,10,11,12,13,14, 15,16,17,18,19,20)	74.0	28

（续表）

n	α	T	枢纽个数	枢纽分布 枢纽点(分配给该枢纽点的非枢纽点)	CPU 运行时间	目标值
	0.8	720	3	1(4,5,6,7,8,13,14,20)，3(2,11,12,16,18)，9(10,15,19)	88.0	119
		960	2	3(1,2,7,11,12 ,17)，14,(4,5,6, 8,9,10, 13,15,16,18,19,20)	77.2	67
		1 200	1	14(1,2,3,4,5,6,7,8,9,10,11,12,13,15,16,17,18,19,20)	73.7	39
		1 440	1	3(1,2,4,5,6,7,8,9,10,11,12,13,14,15,16,17,18,19,20)	72.3	28

当 α 不变,最大时间约束 T 从原来的 720 逐渐增加到 1 440,目标值不断减小,枢纽数量也随之减小,原因是随着 T 的增大,最大时间约束不断得到释放,使得原来受 T 约束的路线已经满足要求,枢纽数量也会随之减少。通过上述表中数据对比,发现目标值的变化随 T 的变化要比 α 的变化要大,说明 T 的约束强于 α。综合 T 和 α 的变化,枢纽布局和非枢纽点的分配也发生很大变化,图 4-5 和图 4-6 给出了两种布局变化情况。

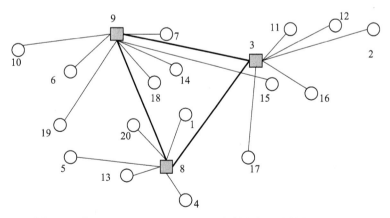

图 4-5　当 $n=20$, $\alpha=0.4$, $T=720$ 应急服务设施轴辐网络布局

对于上述各参数的每种组合情况,分别进行了 20 次计算,一般情况都能得到最优解,算法的搜索效果不错。其中,表中的 CPU 运行时间是由 20 次的运

行时间平均得出,从表4-3～表4-5可以看出,随着 n 的数量的增大,运行时间迅速增大,但都在可接受的范围内。根据改进遗传算法的收敛情况(图4-7),种群适应度逐渐向最优适应度值收敛,收敛速度和计算结果令人满意,也说明改进遗传算法对 L-SHSCP 模型求解的有效性。

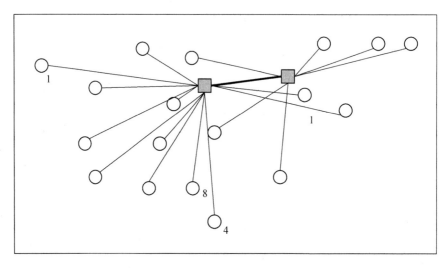

图 4-6　当 $n=20$, $\alpha=0.8$, $T=960$ 时应急服务设施轴辐网络布局

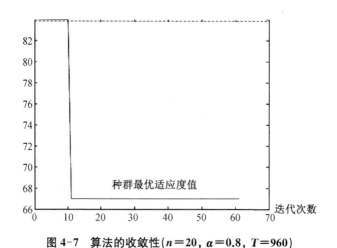

图 4-7　算法的收敛性($n=20$, $\alpha=0.8$, $T=960$)

4.5　本章小结

　　本章研究应急服务设施轴辐网络中枢纽点设施选址和非枢纽点分配优化,即应对大规模应急需求下的枢纽设施选址-分配问题,根据应急服务需求的特点,在覆盖半径的基础上构建了大规模应急服务需求下应急服务设施单分配枢纽集覆盖选址模型,模型属于 NP-Hard 问题,针对这类模型设计了改进的遗传算法,通过算例验证,计算结果满意,并对不同的模型的不同参数进行分析。研究结果表明模型的正确性和算法的有效性。所以,该模型能够有助于应急服务枢纽设施选址和调运计划安排,实现广域内的应急服务资源联动,从而有效满足大规模应急服务的需求。但是轴辐网络存在着“绕道”问题等缺点,原本距离灾区较近的非枢纽点由于分配给其他的枢纽点,使得应急服务资源抵达灾区的过程必须要经历很长的“绕行”过程;同时重大突发事件有可能造成应急服务枢纽设施的破坏,即枢纽点设施功能丧失,由于非枢纽点的分配方式属于单分配,这就造成了分配给破坏的 Hub 的非枢纽点设施孤立起来,无法为灾区提供救援服务。所以,第 5 章将对 L-SHSCP 模型进行扩展,以期解决应急服务设施轴辐网络中的绕道问题和拥堵问题。

应急服务设施轴辐网络绕道、拥堵优化

在标准的轴辐网络中，由于规定非枢纽点之间不能直接连通，始发点 Spoke 只能通过一个或两个枢纽点中转才能抵达终点 Spoke，这就产生了绕道问题，尤其是两个距离较近的非枢纽点，由于隶属于不同的枢纽点，使得出行增加了很长的绕道时间。应对重大突发事件的过程中，时间性要求很高，所以，应急服务设施轴辐网络中的绕道问题，是一个重要且亟待解决的问题。同时，在应急突发事件应对过程中，可能由于灾害破坏或枢纽点的服务能力有限，造成轴辐网络中枢纽点拥堵或无法正常运行的情况，这就使得隶属于该枢纽点的其他非枢纽点应急服务资源无法抵达应急需求点，出现一边急需应急服务资源，一边应急服务资源积压的局面。所以，针对上述两类问题，本章在第 4 章 L-SHSCP 模型的基础上，分别对模型进行改进，加入约束条件，构建新模型，提出问题相应的解决策略。

5.1 轴辐网络绕道问题背景

在应急服务设施轴辐网络中，原来距离很近的两个节点，由于被分配给不同的枢纽点，使得这两点的出行时间远远大于两点的直通时间，即产生了"绕道"现象。这就是轴辐网络的最大的缺点。主要因为轴辐网络要求所有的 O-D 流都必须经过一个或两个枢纽站，因此增加了出行时间，即符合三角不等式 $t_{ik} + t_{kj} \geqslant t_{ij}$，$\forall i, j, k \in N$。由于应对重大突发事件的应急资源需求具有很强的时效性，所以，绕道出行时间必须保证在一个可以接受的范围内。对于上述问题的解决，本章提出两种策略：一是增加枢纽点，满足最大时间约束和绕道限制的约束,构建带有绕道约束的枢纽选址-分配模型;二是在超过规定的绕道时间的 O-D 流之间建立直通通道,即"捷径"(Shortcut)。如图5-1 所示。

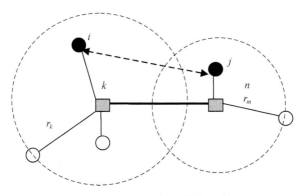

图 5-1　带有"捷径"的轴辐网络

5.2　γ-SHSCP

5.2.1　构建模型

轴辐网络的绕道问题,不能从根本上消除,只能保证绕道时间在一个可接受的范围内。所以,设 γ 为绕道系数,指每条经过枢纽站的 O-D 流所需总时间与两点之间直通时间的比值:$\gamma = T_{ij}^{km}/t_{ij}$。本书设最大绕道系数是 γ^*,大规模应急服务需求下的应急服务设施选址模型必须要满足 $T_{ij}^{km}/t_{ij} \leqslant \gamma^*$。即:

$$r_k X_{ik} + \alpha t_{km} X_{ik} X_{jm} + t_{jm} X_{jm} \leqslant \gamma^* t_{ij} \ \forall i,j,k,m \in N$$

在第 5 章 L-SHSCP 模型的基础上,构建了带有绕道限制的应急服务设施枢纽单分配集覆盖模型(γ-SHSCP):

$$\min \sum_k f_k X_{kk} \tag{5-1}$$

$$\text{s t.} \sum_{k=1}^{n} X_{ik} = 1 \ \forall i \in N \tag{5-2}$$

$$X_{ik} \leqslant X_{kk}, \ \forall i, k \in N \tag{5-3}$$

$$t_{ik} X_{ik} \leqslant r_k, \ \forall i, k \in N \tag{5-4}$$

$$(r_k + \alpha t_{km}) X_{ik} + t_{jm} X_{jm} \leqslant T \ \forall i, j, k, m \in N \tag{5-5}$$

$$X_{ik} \in \{0, 1\}, \ \forall i, k \in N \tag{5-6}$$

$$r_k \geqslant 0, \ \forall k \in N \tag{5-7}$$

$$r_k X_{ik} + \alpha t_{km} X_{ik} X_{jm} + t_{jm} X_{jm} \leqslant \gamma^* t_{ij} \ \forall i, j, k, m \in N \tag{5-8}$$

上述变量和约束条件意义同第 4 章规定,其中约束条件式(5-8)保证所有 O-D 流的出行时间必须保证在最大绕道系数之内。

由于 L-SHSCP 模型属于 NP-Hard 问题,同理 γ-SHSCP 也属于此类问题,对于模型的求解,依据第 4 章改进的遗传算法,由于模型的变量个数和约束的个数增加,将改进的遗传算法里 myfitness.m 文件中的语句:

vector_compare = (X(:,kk) * (r * ones(N,1) + alpha * ts(kk,aa) * X(:,aa))' + ts(:,aa). * X(:,aa) * X(kk,kk) * ones(1,N)) > total_T;

改写成:

vector_compare = (X(:,kk) * (r * ones(N,1) + alpha * ts(kk,aa) * X(:,aa))' + ts(:,aa). * X(:,aa) * X(kk,kk) * ones(1,N)) >min (total_T, coeff * ts);

在此基础上,同时也将对算法的相关参数进行相应的调整。

5.2.2 算例分析

为了验证带有绕道限制的枢纽选址分配模型的正确性,同时也为了和第 4 章构建的无绕道约束的模型进行对比,本算例依然应用第 4 章数据来进行验证,为了便于计算,选取表 4-1 中前 10 个点的数据,如表 5-1 所示,与之相应,前 10 个应急服务设施的权重如表 5-2 所示。

表 5-1　10 个应急服务设施之间的出行时间(分钟)

	1	2	3	4	5	6	7	8	9	10
1	0	605	279	269	337	332	212	165	265	545
2	605	0	331	801	943	821	614	765	669	905
3	279	331	0	516	616	525	317	442	372	609
4	269	801	516	0	376	516	477	112	524	750
5	337	943	616	376	0	251	449	288	401	423
6	332	821	525	516	251	0	248	412	145	194
7	212	614	317	477	449	248	0	373	96	376
8	165	765	442	112	288	412	373	0	420	646
9	265	669	372	524	401	145	96	420	0	279
10	545	905	609	750	423	194	376	646	279	0

表 5-2　10 个应急服务设施的候选权重

设施点	f_1	f_2	f_3	f_4	f_5	f_6	f_7	f_8	f_9	f_{10}
权重值	55	72	28	67	53	49	52	40	36	78

算法涉及的相关参数设定如下:种群规模为 100,最大遗传代数 max GEN 为 200,交叉概率为 0.6,变异概率为 0.1,GEN_C 等于 80, $\varepsilon = 0.001$。基于上述参数,利用算法对 γ-SHSCP 模型在电脑上(配置)进行计算。折扣系数 α 依次取值为 0.4、0.6 和 0.8;最大时间约束 T 分别取值 720、960、1 200 和 1 440 分钟; γ^* 分别取 3 和 5。模型的求解结果如表 5-3 和表 5-4 所示。

表 5-3　改进遗传算法对 γ-SHSCP 模型求解结果($\gamma^* = 3$)

α	T	枢纽个数	枢纽分布	目标值
0.4	720	4	3(2),6(5,10),7(9),8(1,4)	153
	960	4	3(2),6(5,10),8(1,4),9(7)	153
	1 200	4	3(2),6(5,10),8(1,4),9(7)	153
	1 440	4	3(2),6(5,10),8(1,4),9(7)	153

（续表）

α	T	枢纽个数	枢纽分布	目标值
0.6	720	4	3(2),6(5,10),8(1,4),9(7)	153
	960	4	3(2),6(5,10),8(1,4),9(7)	153
	1 200	4	3(2),6(5,10),8(1,4),9(7)	153
	1 440	4	3(2),6(5,10),8(1,4),9(7)	153
0.8	720	4	1(5),3(2),8(4),9(1,6,7,10)	159
	960	4	3(2),6(5,10),8(1,4),9(7)	153
	1 200	4	3(2),6(5,10),8(1,4),9(7)	153
	1 440	4	3(2),6(5,10),8(1,4),9(7)	153

表 5-4　改进遗传算法对 γ-SHSCP 模型求解结果（$\gamma^*=5$）

α	T	枢纽个数	枢纽分布	目标值
0.4	720	3	3(1,2),8(4,5),9(6,7,10)	104
	960	3	3(2),8(1,4,5),9(6,7,10)	104
	1 200	3	3(2),8(4,5),9(1,6,7,10)	104
	1 440	3	3(1,2),8(4,5),9(6,7,10)	104
0.6	720	3	3(2),8(4,5),9(1,6,7,10)	104
	960	3	3(2),8(4,5),9(1,6,7,10)	104
	1 200	3	3(2),8(4,5),9(1,6,7,10)	104
	1 440	3	3(2),8(4,5),9(1,6,7,10)	104
0.8	720	3	3(1,2),8(4,5),9(6,7,10)	104
	960	3	3(2),8(1,4,5),9(6,7,10)	104
	1 200	3	3(2),8(4,5),9(1,6,7,10)	104
	1 440	3	3(2),8(1,4,5),9(6,7,10)	104

从有绕道约束的 γ-SHSCP 模型求解结果（表 5-3、表 5-4）可以看出，具有相同 T 和 α 约束下，γ-SHSCP 模型中的枢纽数量均大于第 4 章 L-SHSCP 模型（表 4-3）中的枢纽数量。在 γ-SHSCP 模型中，枢纽点的数量随着最大时间约束 T 值的变化而未发生改变；观察折扣系数 α 变化可知，当 $\gamma^*=3$ 时，α 从

0.6 增加到 0.8 后,虽然枢纽数量没有改变,但目标函数增大,说明随着折扣系数的增大,原来适合作为枢纽点的节点已不能满足要求,只能寻求其他的重要程度较低的节点作为枢纽点,使得目标值增大。只有当绕道系数 γ^* 不断增大(从 3 增大到 5)时,枢纽数量才逐渐减少,非枢纽节点的分配情况也随之发生改变,这说明此时绕道系数 γ^* 约束强于 T 和 α 的约束,有、无"绕道"约束的轴辐网络布局对比情况如图 5-2、图 5-3 所示。

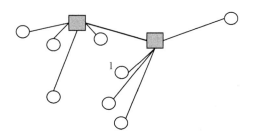

图 5-2　$\alpha=0.6$、$T=1\,200$ 时无绕道系数限制轴辐网络

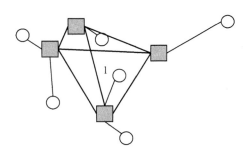

图 5-3　$\alpha=0.6$、$T=1\,200$、$\gamma^*=3$ 时有绕道约束的轴辐网络

同时,为了检验绕道系数的约束能力,逐渐增大 γ^* 值,具体求解结果如表 5-5 所示,表中给出了当 $\alpha=0.8$、$T=1\,440$ 时,枢纽数量随绕道系数 γ^* 变化的不同结果。从表 5-5 可以看出,绕道系数越大,枢纽数量越少,当 $\gamma^*=15$ 时,γ-SHSCP 模型中的绕道约束能力可以视为 0,等于释放"绕道"约束,此时模型等同于 L-SHSCP。在此算例中,由于算例的数据变化较大,其中两点之间的直接出行时间最大值 $t_{25}=943$,最小值 $t_{79}=96$,造成直接出行时间与通过枢纽出行的时间比值具有很大的区间,故本算例中的 γ^* 取值也较大,而且起主要约束作用。

表5-5　当 $\alpha=0.8$、$T=1\,440$ 时随绕道系数变化求解结果

γ^*	枢纽个数	枢纽分布	目标值
3	4	3(2),6(5,10),8(1,4),9(7)	153
5	3	3(2),8(1,4,5),9(6,7,10)	104
8	2	8(1,3,4,5,6),9(2,7,10)	76
10	1	7(1,2,3,4,5,6,8,9,10)	52
15	1	3(1,2,4,5,6,7,8,9,10)	28

对于上述两模型中的参数组合的每种情况,都进行了 20 次计算,一般情况都能得到最优解,算法的搜索效果不错,同时根据改进遗传算法的收敛情况(图5-4),种群适应度逐渐向最优适应度值收敛,收敛速度和计算结果令人满意,也说明改进遗传算法对两类模型求解的有效性。

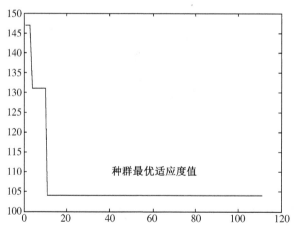

图5-4　改进遗传算法的收敛性($\alpha=0.8$,$T=1\,200$,$\gamma^*=5$)

本节考虑了轴辐网络的绕道缺点,对 L-SHSCP 模型进行了扩展,提出带有绕道约束的应急服务设施单分配集覆盖选址-分配模型(γ-SHSCP)。基于第4章设计的改进的遗传算法,通过算例验证将两模型结果进行比较,并对两个模型的不同参数分析对比。研究结果表明:绕道系数具有很强的约束力,枢纽数

量变化程度要明显强于 T 和 α 的影响,也即说明在应急服务设施轴辐网络中绕道问题是很明显的问题。调整绕道系数后结果会有较大的变动,这就需要根据具体应急服务需求的急缓和具体道路情况来确定具体绕道系数的大小,从而确定轴辐网络中的枢纽位置和非枢纽点的分配。所以,构建带有绕道约束的模型,增加枢纽点,是解决轴辐网络中绕道问题的一个有效策略。但该策略在预算限定的情况下则不太适应,由于增加枢纽点,预算上升,如果对于经济能力有限的情况,可以寻求第二种策略,即轴辐网络"捷径"策略。

5.3　带有"捷径"的轴辐网络构建

在应急服务设施轴辐网络中,为了缓解绕道问题,可以增加枢纽个数,但预算则会随之上升,若在有预算约束的条件下,选择在超过绕道系数的 O-D 流之间建立直通的"捷径"不失为一很好的策略。

本节同样以上述算例进行分析和说明,在 10 个点应急服务设施布局中,以 $\alpha=0.6$、$T=1\,200$ 时为例,L-SHSCP 模型的求解结果是:3(1, 2, 4, 8),9(5, 6, 7, 10)。非枢纽点设施 1、2、4 和 8 分配给枢纽点 3;非枢纽点设施 5、6、7 和 10 分配给枢纽点 9,具体的分布见图 5-2。

根据 $T_{ij}^{km}=r_k X_{ik}+\alpha t_{km}X_{ik}X_{jm}+t_{jm}X_{jm}$ 计算每两个节点之间的出行时间:

$Y_{1,1}=0$

$T_{1,2}^3=\max\{t_{1,3}, t_{8,3}, t_{4,3}\}+t_{2,3}=847$

$T_{1,3}^3=t_{1,3}=279$

$T_{1,4}^3=\max\{t_{1,3}, t_{8,3}, t_{2,3}\}+t_{4,3}=958$

$T_{1,5}^{3,9}=r_3+\alpha t_{3,9}+t_{5,9}=\max\{t_{1,3}, t_{8,3}, t_{2,3}, t_{4,3}\}+\alpha t_{3,9}+t_{5,9}=1\,140.2$

$T_{1,6}^{3,9}=r_3+\alpha t_{3,9}+t_{6,9}=\max\{t_{1,3}, t_{8,3}, t_{2,3}, t_{4,3}\}+\alpha t_{3,9}+t_{6,9}=884.2$

$T_{1,7}^{3,9}=r_3+\alpha t_{3,9}+t_{7,9}=\max\{t_{1,3}, t_{8,3}, t_{2,3}, t_{4,3}\}+\alpha t_{3,9}+t_{7,9}=835.2$

$T_{1,8}^3=\max\{t_{1,3}, t_{4,3}, t_{2,3}\}+t_{8,3}=958$

$$T_{1,9}^{3,9} = r_3 + at_{3,9} = \max \{t_{1,3}, t_{8,3}, t_{2,3}, t_{4,3}\} + at_{3,9} = 739.2$$

$$T_{1,10}^{3,9} = r_3 + at_{3,9} + t_{10,9} = \max \{t_{1,3}, t_{8,3}, t_{2,3}, t_{4,3}\} + at_{3,9} + t_{10,9} = 1\ 018.2$$

同理,求出所有节点两两之间的出行时间,则网络布局中任意 O-D 流之间的出行时间如表 5-6 所示。

表 5-6　网络布局中任意 O-D 流的出行时间($\alpha = 0.6$, $T = 1\ 200$)

设施点	1	2	3	4	5	6	7	8	9	10
1	0	847	279	958	1 140.2	884.2	835.2	958	739.2	1 018.2
2	795	0	331	773	1 140.2	884.2	835.2	958	739.2	1 018.2
3	279	331	0	516	624.2	368.2	319.2	442	223.2	502.2
4	795	847	516	0	1 140.2	884.2	835.2	958	739.2	1 018.2
5	903.2	955.2	624.2	1 140.2	0	546	497	1 066.2	401	680
6	903.2	955.2	624.2	1 140.2	680	0	497	1 066.2	145	680
7	903.2	955.2	624.2	1 140.2	680	546	0	1 066.2	96	680
8	795	847	442	958	1 140.2	884.2	835.2	0	739.2	1 018.2
9	502.2	554.2	223.2	739.2	401	145	96	665.2	0	279
10	903.2	955.2	624.2	1 140.2	680	546	497	1 066.2	279	0

从表 5-6 可知,最大的出行时间是 $T_{5,8}^{9,3} = 1\ 140.2$,小于 1 200,满足最大出行时间约束。当 O-D 流的始点和终点都分配给一个枢纽时,此时的枢纽半径发生变化,具体值是分配给该枢纽点的所有 Spoke,剔除终点后的其余非枢纽点的最大出行时间即为该枢纽的枢纽覆盖半径。例如计算 $T_{1,4}^3$ 时,此时的枢纽半径是 $t_{1,3}$, $t_{8,3}$, $t_{2,3}$ 中的最大值,与原来有所差异,因为原来的覆盖半径值由 $t_{4,3}$ 决定,而此时节点 4 作为终点,不需要等待其应急服务资源,故此时覆盖半径缩短。

根据绕道系数的定义:$\gamma = T_{ij}^{km}/t_{ij}$,计算出每条 O-D 流的绕道系数,具体值见表 5-7。

表 5-7　网络布局中每条 O-D 流的绕道系数($\alpha=0.6$, $T=1\,200$)

节点	1	2	3	4	5	6	7	8	9	10
1	/	1.4	1.85	3.56	3.38	2.66	3.94	5.81	2.79	1.87
2	1.31	/	1	0.96	1.21	1.08	1.36	1.25	1.10	1.13
3	1	1	/	1	1.01	0.70	1.01	1	0.6	0.82
4	2.96	1.06	1		3.03	1.71	1.75	8.55	1.41	1.36
5	2.68	1.01	1.01	3.03	/	2.18	1.11	3.70	1	1.61
6	2.72	1.16	1.19	2.21	2.71	/	2.00	2.59	1	3.51
7	4.26	1.56	1.97	2.39	1.51	2.20	/	2.86	1	1.81
8	4.82	1.11	8.56	3.96	2.15	2.24		/	1.76	1.58
9	1.90	0.83	0.6	1.41	1	1	1	1.58	/	1
10	1.66	1.06	1.02	1.52	1.66	2.81	1.32	1.65	1	/

在上述网络布局中,存在着 100 条 O-D 流,其中大部分 O-D 流对的绕道系数都大于 1,表示现在的出行时间大于原来的直通时间,而且表中最大值是8.56,说明存在着严重的绕道问题;表中也有部分数值小于 1,说明该 O-D 流的出行时间受到折扣系数 α 影响较大,这样的 O-D 流中 Hub 与 Hub 之间出行时间占较大比重。同时从表中也可以看出数据矩阵不是对称的,例如 $\gamma_{3,7}\neq\gamma_{7,3}$,主要是因为始发点不同,各自分配的枢纽点的覆盖半径不同,从而决定了绕道系数不同。

对于"捷径"的建立,主要依据决策者对绕道系数的容忍程度高低或者应急需求点对应急服务的需求缓急而定:如果对绕道问题容忍程度较低或对应急服务需求迫切,则最大绕道系数 γ^* 值较小,网络布局中建立的"捷径"通道也比较多;当容忍程度较高或应急需求点对应急服务的需求不是很急时,最大绕道系数 γ^* 值较大,网络布局中建立的"捷径"通道也比较少。例如,当设定的最大绕道系数 γ^* 值等 3 时,上述布局网络中要建立 12 条"捷径"通道,如图 5-5 中虚线所示;当最大绕道系数 γ^* 值等 5 时,上述布局网络中要建立 3 条"捷径"通道,见图5-6 中的虚线。当最大绕道系数 γ^* 值大于 8.56 时,此时等同于释放了绕道约束条件,和无绕道约束的轴辐网络布局相同。

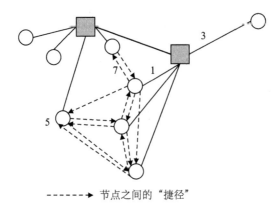

------► 节点之间的"捷径"

图 5-5　当 $\alpha=0.6$、$T=1\,200$、$\gamma^*=3$ 时非枢纽点之间的"捷径"分布

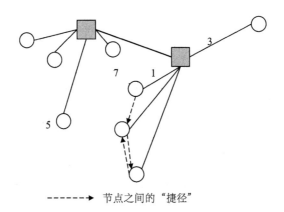

------► 节点之间的"捷径"

图 5-6　当 $\alpha=0.6$、$T=1\,200$、$\gamma^*=5$ 时非枢纽点之间的"捷径"分布

　　应急服务设施轴辐网络布局中的绕道问题,通过建立新的枢纽点策略和建立"捷径"通道策略,能够得到很好的解决。而两种策略各有利弊,例如上述实例 $\alpha=0.6$、$T=1\,200$ 的情况,绕道系数设定为 $\gamma^*=3$ 时,如果采用建立新枢纽点策略,则在原枢纽点 3、9 的基础上增加枢纽点 6、8,设施成本上升;如果采用"捷径"通道策略,则在网络中建立 12 条"捷径"通道,但此时整个轴辐网络的规模效益降低,路线网络复杂,容易造成调度混乱,路线拥堵等问题。所以,具体选择哪种策略,决策者应根据应急情景和成本预算的情况,从而有针对性地选择最有利于应急救援服务的策略。

5.4　轴辐网络中的拥堵问题背景

在单分配的应急服务设施轴辐网络中,由于灾害的破坏性或者枢纽点服务能力有限等原因,容易造成枢纽点的拥堵或无法服务的问题,使得分配给该枢纽点的非枢纽点的应急服务资源无法抵达灾区,陷入一边急需应急服务资源,一边应急资源积压,不能参与应急活动的局面。

针对该问题,本节在应急服务设施单分配覆盖模型的基础上,提出了多分配应急服务设施轴辐网络备用方案,即在原来网络布局基础上,让非枢纽点可以分配给其他多个枢纽点作为备用方案。在枢纽点运行顺畅的情况下,由单分配确定的分配方式作为主要分配方式,如果网络中枢纽点出现拥堵、破坏等情况,则选择由多分配确定分配方式进行中转运行,这样既可保证网络易于管理,又能有效应对拥堵、破坏等突发情况。

对于多分配备用方案可采取两种备用策略:

(1) 重新建立多分配枢纽覆盖模型,确定新的枢纽点并确定非枢纽点的分配方式。当枢纽点出现破坏、拥堵的情况时,启动此备用方案。

(2) 在原来单分配枢纽覆盖模型的基础上,让非枢纽点同时分配给距其距离较近的另外一个枢纽点,如果出现原来枢纽点拥堵的情况,隶属于该 Hub 的最远的非枢纽点分配给其他距离较近的枢纽点,减少原来枢纽点应急服务资源的流入量和工作量,从而减少拥堵;如果出现枢纽点破坏无法运行的情况,则每个非枢纽点分配给距离其最近的其他枢纽点。

5.5　γ-MAHSCP 模型

5.5.1　原有模型及改进模型

多分配枢纽站集合覆盖问题的模型最初由 Campbell(1994)[104]提出,该模型是一个由 $O(n^4)$ 个变量与约束式组成的混合整数规划模型。

在构建的模型中设给定的网络中 $G(N, A)$，A 为所有边集合，$N = \{1, \cdots, n\}$ 为所有节点的集合；令 c_{ij} 表示节点 i 和 j 之间的直通成本，h_{ij} 表示从节点 i 到节点 j 的客运流量；$J = \{(i, j) \mid h_{ij} > 0, i, j \in N\}$ 表示所有的 O-D 点对的集合；β_{ij} 表示从 i 到 j 的流动成本限制，再令 $C_{ij}^{km} = c_{ik} + \alpha c_{km} + c_{mj}$，表示从 i 到 j 经枢纽站 k，m 所花费的成本、时间和距离，其中，$\alpha (0 \leqslant \alpha \leqslant 1)$ 表示枢纽之间流动所产生的规模效益或折扣，若 $k = m$，单点中转。

$$\text{令 } \alpha_{ij}^{km} = \begin{cases} 1 & \text{如果 } C_{ij}^{km} \leqslant \beta_{ij} \\ 0 & \text{否则} \end{cases}$$

表示流 $i - j$ 能否被备选枢纽站 k 和 m 所覆盖。再令 V_{ij}^{km} 表示流 $i - j$ 经过枢纽站 k 和 m 的流量占 h_{ij} 的比例，当 $k = m$ 时，表示单点中转。再令 F_k 表示 k 点的建造成本。同时，另二进制变量 $X_k = 1$ 表示在 k 点选址，否则 $X_k = 0$。则多分配枢纽集合覆盖模型（Multi-Allocation Hub Set Covering Problem，MAHSCP）如下：

$$\min \sum_i \sum_j F_k X_k \tag{5-9}$$

$$\sum_k \sum_m d_{ij}^{km} V_{ij}^{km} \geqslant 1, \ \forall (i, j) \in J \tag{5-10}$$

$$V_{ij}^{km} \leqslant X_k \ \forall i, j, k, m \tag{5-11}$$

$$V_{ij}^{km} \leqslant X_m \ \forall i, j, k, m \tag{5-12}$$

$$X_j = 0, 1; V_{ij}^{km} = 0, 1 \ \forall i, j, k, m \tag{5-13}$$

目标函数式(5-9)寻求建站成本最小，约束条件式(5-10)确保所有的 O-D 流都被服务，约束条件式(5-11)、式(5-12)表示只有当 k、m 被选中时才能允许流 $i - j$ 被 k、m 覆盖，约束条件式(5-13)是 0-1 整数约束。

Campbell 提出的 MAHSCP 模型有 $n^4 + n$ 个变量、$2n^4 + n^2$ 个约束式，属于复杂的混合整数规划模型，当节点数超过一定数量时，模型求解面临很大问题。翁克瑞[107]根据 MAHSCP 模型进行了改进，提出了有 $n^2 + n$ 个变量、$3n^2$ 个约束式的新的多分配枢纽覆盖模型（记为 MAHSCP2）。

在 MAHSCP2 中去掉了变量 V_{ij}^{km}，引入 0-1 变量 Z_{ij}，当 $Z_{ij}=1$ 表示流 $i-j$ 被所选的枢纽站所覆盖，否则，$Z_{ij}=0$。引入变量 0-1 变量 W_{km}，当 $W_{km}=1$ 表示点 k，m 同时被选中为枢纽点，否则 $W_{km}=0$。构建新的 MAHSCP2 模型如下：

$$\min \sum_i \sum_j F_k X_k \tag{5-14}$$

$$s.t. \ Z_{ij} \leqslant \sum_k \sum_m a_{ij}^{km} W_{km}, \ \forall (i, j) \in J \tag{5-15}$$

$$X_k \geqslant W_{km}, \ \forall k, m \tag{5-16}$$

$$X_m \geqslant W_{km}, \ \forall k, m \tag{5-17}$$

$$X_j = 0, 1; W_{ij} = 0, 1, \ \forall i, j \tag{5-18}$$

目标函数式(5-14)表示建枢纽站的费用最小；约束条件式(5-15)保证至少有一个或者有一对枢纽站能够覆盖流 $i-j$；约束条件式(5-16)、式(5-17)的作用是定义变量 W_{km}，确保只有当 X_k 与 X_m 都等于 1 的时候才能允许 $W_{km}=1$。

相对 Campbell 的 MAHSCP 模型，MAHSCP2 模型减少了输入变量，从而以减少问题的输入规模，节约计算内存和时间。

上述多分配枢纽覆盖模型，是以总成本最小为目标函数，没有体现时间约束性，本节在有绕道约束的单分配枢纽覆盖模型的基础上，借鉴 MAHSCP2 模型，构建了有绕道约束的多分配应急枢纽集合覆盖选址模型（γ-MAHSCP），来优化枢纽网络中的拥堵、破坏等问题。

5.5.2　求解 γ-MAHSCP 模型的分散搜索算法

设给定的完全网络 G，$N=\langle 1, \cdots, n \rangle$ 为网络中所有节点集合；$J=[(i, j) \mid i, j \in N]$ 表示所有的 O-D 对的集合。应对重大突发事件的枢纽集合覆盖选址模型是在节点集合 N 中，存在枢纽候选集合 $H(H \subseteq N)$，从 H 中选择一定数量的节点作为枢纽点，将其余的非枢纽点以多分配方式分配给枢纽点。模型中 t_{ij}、X_{kk}、α、r_k、T、r_k、f_k、γ^* 等参数、变量的假设意义同前文所界定，同时重新定义变量 a_{ij}^{km}：

$$a_{ij}^{km} = \begin{cases} 1 & \text{如果 } T_{ij}^{km} \leqslant T, \text{且 } T_{ij} \leqslant \gamma^* t_{ij}; \\ 0 & \text{否则} \end{cases}$$

$$W_{km} = \begin{cases} 1 & k, m \text{ 同时被选中为枢纽点} \\ 0 & \text{否则} \end{cases};$$

如果 $k = m$ 表示单点中转。则构建的 γ- MAHSCP 模型如下：

$$\min \sum_k f_k X_{kk} \tag{5-19}$$

$$s.t. \sum_i \sum_j a_{ij}^{km} W_{km} \geqslant 1 \ \forall (i, j) \in J \tag{5-20}$$

$$X_{kk} + X_{mm} \leqslant 2W_{km}, \ \forall k, m \tag{5-21}$$

$$X_{ik}, W_{km}, a_{ij}^{km} \in \{0, 1\} \ \forall i, k \in N \tag{5-22}$$

目标函数式(5-19)表示设立的枢纽点的数量最少,保证具有重要程度的候选枢纽点越易成为枢纽点;约束条件式(5-20)表示保证所有的 O-D 流至少被一对或一个枢纽站覆盖;约束条件式(5-21)定义变量 W_{km};约束条件式(5-22)说明变量是 0-1 变量。

对于 γ- MAHSCP 模型,仍属于 NP-Hard 问题,可采用启发式算法进行模型求解。本书采用分散搜索算法进行求解,分散搜索算法是一种进化算法,依靠类似遗传算法的进化机制,通过迭代向最优解收敛。从一组初始解中按照一定标准选择一组参考解,在每一次迭代中,分散搜索算法在参考解中选择一对解作为子集,通过对子集的组合操作产生新解,若解的质量有所改善,则用其替换参考解中的最差解,其流程如下：

(1) 按照多样化生成算法与改进算法产生 q 个不同的初始解集 Q。

(2) 在初始解中选择 b 个"最好"的解构成参考解集 Θ。"最好"的解是指目标值最好,且要求选择的参考解服从多样化原则,尽量分散以期望其后代能覆盖解的全局空间,避免陷入局部困境。将参考解根据目标函数值从小到大成 $x^1, x^2, \cdots, x^b$ 排列。

(3) 令 $\Theta_0 = \Theta$,在参考解 Θ 中产生一组子集,每个子集包括两个解。对所有的子集 $\{x', \cdots, x''\}$ 进行组合操作产生新解 y;对 y 进行一次改进算法计算,将计算结果添加到新解集 Ψ 中。

(4) 对所有的 $x \in \Psi$,如果 $f(x)$ 小于 $f(x^b)$,则将 x 替换参考解集中的 x^b,每替换一次即更新 Θ 中的 x^b 与 x^1。

(5) 如果 $\Theta = \Theta_0$,算法结束,最终解为 Θ 中的 x^1;否则返回步骤(3)。

通过上述分散搜索算法,能够很好地求解 γ- MAHSCP 模型。该模型得出的结果与 γ-SHSCP 模型求解不同,因为非枢纽点的分配方式不同,枢纽点的布局也不尽相同。通过多分配枢纽覆盖选址模型得出的布局方案能够有效解决枢纽拥堵问题。但是该策略的缺点是:由于实施布局属于中长期战略,布局完成后很难重新改动,即使能够改动,也需要很大费用。如果开始就按照多分配方式进行布局,则潜在的枢纽点必须建成具有枢纽功能的设施点,但由于重大突发事件的概率较低,经济预算也非常高,容易造成很大的资源浪费。解决轴辐网络拥堵问题也可以不调整枢纽点布局,只需增加非枢纽点的分配方式即可,这就是本书针对拥堵问题提出的第二种解决策略。

5.5.3　增加非枢纽点分配方式策略

解决应急服务设施轴辐网络中应急枢纽设施拥堵问题的策略二是在原来单分配方式的基础上,针对拥堵、破坏的情况,分别对隶属于该枢纽点的非枢纽点重新进行分配给其他枢纽点,此时不再确定新的枢纽点,只是改变非枢纽点分配方式而已。

例如在本节案例 $\alpha = 0.6$、$T = 1\,200$、$\gamma^* = 3$ 时的轴辐网络布局图 5-2 的情况,枢纽点是 3、6、8 和 9。为防止意外情况发生,每个枢纽点分配给距离比较的其他枢纽点,根据表 5-1 各设施点之间的出行距离可知:非枢纽点 1 备用方案分配给枢纽点 9,非枢纽点 2 备用方案分配给枢纽点 9,非枢纽点 4 备用方案分配给枢纽点 3,非枢纽点 5 备用方案分配给枢纽点 8,非枢纽点 7 备用方案分配给枢纽点 6,非枢纽点 10 备用方案分配给枢纽点 6,具体布局网络如图 5-7 所示。

具体运行情况是当某一枢纽点拥堵时,隶属于该枢纽点的最远非枢纽点改变运输策略,启动备用方案,转向其备用方案中的分配方式。当枢纽点出现破坏无法运行的情况时,则隶属于该枢纽点所有非枢纽点启动各自的备用方案,

分别转向其备用方案中的分配方式。如
果改变某非枢纽点的分配方式,使得原
来的枢纽点覆盖半径发生改变,容易造
成超过最大时间约束和绕道系数约束,
此时,可以在非枢纽点和灾区应急需求
点之间建立"捷径"直通路线。

　　解决应急服务设施轴辐网络的枢纽
点拥堵破坏问题的两种策略各有利弊,
对于策略一,选择新的枢纽点重新进行

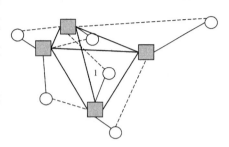

图 5-7　增加非枢纽点分配方式
备用策略示意图

布局,此策略的优点是整体情况最优,缺点是如果枢纽点建设时间很长和建设
成本很高时,该策略不太适用应急救援活动的展开;对于策略二,增加非枢纽点
分配方式,该策略的优点是建设成本低,改变速度快,容易实施,但是容易增加
绕道时间,整体运行情况不是最优,而且对于轴辐网络中枢纽点设施数量少的
情况,如果出现枢纽点设施功能缺失,整个网络容易陷入整体瘫痪的风险。所
以,两种策略各有利弊,决策者可以根据实际救援情况来确定。

5.6　本章小结

　　本章针对应急服务设施轴辐网络中的绕道问题、拥堵和破坏问题进行了研
究,并分别根据各自问题的特点提出了两种解决问题的策略。关于绕道问题,
提出了增加枢纽点策略和建立"捷径"直通策略,对于枢纽拥堵和破坏问题,提
出了构建多分配枢纽分配新模型,改变枢纽点布局策略和增加非枢纽点的分配
方式策略。各种策略具有不同的优缺点,可以根据具体的情景进行决策,最终
解决应急轴辐网络中的绕拥堵和破坏问题。由于重大突发事件的不确定性和
应急服务设施内在的不确定性,使得应急服务设施轴辐网络布局面临极大不确
定性,针对不确定性环境下的应急服务设施布局问题,将在第 6 章进行研究。

不确定条件下应急服务设施
轴辐网络布局鲁棒优化

6.1　问题背景

　　重大突发事件具有突发性强、破坏性大、影响范围广等特点,而且由于突发事件发生的时间、地点、概率以及破坏程度是不确定的,故决定了受灾点对应急服务设施(消防、医疗、警力及专业救援设施等)需求的不确定性,包括数量需求的不确定和服务质量需求的不确定性。需求的不确定性使应急服务设施布局设计面临很大困难,同时由于应急服务设施选址布局受到其他诸多因素的影响,如地理状况、人口分布、交通运输能力、经济实力等,构建应急服务设施网络布局模型所涉及的参数也具有不确定性,而且这些参数的变化很难给出概率分布,采用不同参数构建的应急服务设施布局网络在构形上存在很大的差别,主要体现在应急服务枢纽设施的选址不同,进一步导致了非枢纽设施的分配不同,从而使整个网络布局也不同。

　　应急服务设施网络布局是中长期战略决策,网络布局建成后不可能轻易改变,这就使得应急服务设施布局选址决策面临很大风险。为了有效降低由于不确定性对应急服务设施布局决策引起的风险,应急服务设施布局网络设计要具有很好的鲁棒性。良好鲁棒性的选址决策不仅能够降低设施的建设费用,避免重复建设,更能够有效应对各种情景下的各类重大突发事件,从而减少各类损失。所以,研究应急服务设施网络布局的鲁棒优化显得非常重要。

6.2　不确定问题的优化方法

在应急服务设施网络实际布局中,受到诸多因素影响,主要有重大突发事件发生的时间、地点和强度的不确定性;应急服务设施所处的环境,包括地理状况、交通能力、设施服务能力等。由于这些因素所造成的不确定的表现形式是多种多样的,如随机性、模糊性、粗糙型、模糊随机性以及其他的多重不确定性。这些不确定因素可能对优化模型的结构和参数产生影响,从而使得优化模型的解不再满足约束条件,同样,优化模型的最优目标值也就不成立了。因此,对于这些含有不确定性的决策问题,主要解决问题的优化方法有:随机规划、模糊规划和鲁棒优化[167]。

(1)随机规划。参数的不确定性使用概率分布函数来描述,一般分为随机线性规划和随机非线性规划,其一般形式如下:

$$\min f(x, \xi) \tag{6-1}$$
$$\text{s.t. } g_i(x, \xi) \geqslant 0, i = 1, \cdots, m$$

其中,x 是一个 n 维的决策向量;ξ 为概率空间(Ω,F,P)中的随机向量;$f(x, \xi)$ 是目标函数;$g_i(x, \xi)$ 是随机约束函数。

随机规划建立的模型主要有:期望值模型(对于随机变量取数学期望值,把随机规划转化为一个确定性的数学规划模型);概率约束规划问题(主要针对只在约束条件中含有随机变量,且必须在观测到随机变量实现之前做出决策的情况。可以不满足约束条件,但应使约束条件成立的概率不小于某一置信水平);有补偿的二级随机规划(第一级是主问题,在观测到随机变量取值之前进行优化,然后将优化解送往第二级子问题。第二级接收第一级的优化解,在观测到随机变量的取值之后进行优化,然后利用优化结果对第一级进行约束限制)。

(2)模糊规划。系统参数是模糊的,而不是精确的数据。它的分布函数未知,需要通过专家知识和经验建立隶属函数。模糊规划包括建立含有模糊参数的机会约束规划和机会多目标规划以及机会约束目标规划等,可利用基于随机模拟的遗传算法给出最优解。

模糊规划中,用模糊隶属度函数表示约束条件的满足程度、目标函数的期望水平及模型系数的不确定变化范围。在模糊决策时,一般将模糊约束和模糊目标等同对待,取其模糊集合的交集,然后将其中隶属度值最大的决策作为最优的模糊决策。在整个求解过程中,首先必须要获得不确定参数的精确模糊隶属度函数。

然而,在实际应用中,往往是通过有限量的数据样本和决策者的经验来确定不确定参数的模糊隶属度函数,这将给模糊规划的求解带来较大误差。实际上,随机规划和模糊规划都是基于概率的,只不过前者采用的是客观概率,而后者采用的是主观概率,所以它们都需基于大量的不确定信息。但在许多实际工程问题中,获得足够量的不确定性信息是非常困难的或成本过高,这便使两类方法在实际应用方面受到了较大的限制。

(3)鲁棒优化。概率分布函数未知,不确定性参数使用离散的情景或连续的区间范围来进行描述,其目的是找到一个近似最优解,使它对任意的不确定性参数观测值不敏感。鲁棒优化的最大特点在于考虑了不确定性参数值实现后,不同目标函数值之间的差异,而不仅仅强调数学期望值。随机规划中要求的不确定参数概率分布在很多情况下就很难给出,而模糊规划由于是软约束规划,容易造成约束条件之间的冲突。随机优化和模糊优化自身所固有的局限很难应用于应急服务设施轴辐网络鲁棒优化的问题。而鲁棒优化作为不确定信息处理方法,可以很好地解决由于数据不准确对于决策的影响,得到数据干扰下的鲁棒最优解,适用于各种不同的情景,以有效降低由不确定引起的各种风险。

6.3　鲁棒模型

6.3.1　三种鲁棒优化模型

定义 1:情景集 S,S 中每一个元素 s 称为一种可能发生的情景,即需求和成本的一种可能的取值组合。一般地,S 为有限集,$|S|=q$,其中 q 为一个

常数。

(1) 应急服务设施轴辐网络的绝对鲁棒优化模型

$$\min \Gamma \tag{6-2}$$

$$\text{s.t.} \ \min \sum_k f_k(s) X_{kk} \leqslant \Gamma, \ \forall s \in S \tag{6-3}$$

$$\sum_{k=1}^{n} X_{ik} = 1, \ \forall i \in N \tag{6-4}$$

$$X_{ik} \leqslant X_{kk} \qquad \forall i, k \in N \tag{6-5}$$

$$t_{ik} X_{ik} \leqslant r_k \qquad \forall i, k \in N \tag{6-6}$$

$$(r_k + \alpha t_{km}) X_{ik} + t_{jm} X_{jm} \leqslant T, \ \forall i, j, k, m \in N \tag{6-7}$$

$$r_k X_{ik} + \alpha t_{km} X_{ik} X_{jm} + t_{jm} X_{jm} \leqslant \gamma^* t_{ij}, \ \forall i, j, k, m \in N \tag{6-8}$$

$$X_{ik} \in \{0, 1\}, \ \forall i, k \in N \tag{6-9}$$

$$r_k \geqslant 0, \ \forall k \in N \tag{6-10}$$

其中约束条件式(6-3)是绝对鲁棒优化的要求,即对于应急轴辐网络的鲁棒解的目标值的最大值约束。其余约束的意义如第 3 章、第 4 章对约束界定。

(2) 应急服务设施轴辐网络的偏差鲁棒优化模型

$$\min \Gamma \tag{6-11}$$

$$\text{s.t.} \ \min \sum_k f_k(s) X_{kk} \leqslant \Gamma + Z^*(s), \ \forall s \in S \tag{6-12}$$

$$\sum_{k=1}^{n} X_{ik} = 1, \ \forall i \in N \tag{6-13}$$

$$X_{ik} \leqslant X_{kk} \qquad \forall i, k \in N \tag{6-14}$$

$$t_{ik} X_{ik} \leqslant r_k \qquad \forall i, k \in N \tag{6-15}$$

$$(r_k + \alpha t_{km}) X_{ik} + t_{jm} X_{jm} \leqslant T, \ \forall i, j, k, m \in N \tag{6-16}$$

$$r_k X_{ik} + \alpha t_{km} X_{ik} X_{jm} + t_{jm} X_{jm} \leqslant \gamma^* t_{ij}, \ \forall i, j, k, m \in N \tag{6-17}$$

$$X_{ik} \in \{0, 1\}, \ \forall i, k \in N \tag{6-18}$$

$$r_k \geqslant 0, \ \forall k \in N \qquad\qquad (6\text{-}19)$$

其中约束条件式(6-12)是偏差鲁棒优化的要求,即对于应急轴辐网络布局的每一种设计,在所有可能发生的情景下,分别计算按其与每一种情景下目标值的偏差,并保证取最大值作为衡量此种网络设计鲁棒性标准。$Z(x, s) = \min \sum_k f_k(s)X_{kk}$,$Z^*(x) = \min \{Z(x, s)\}$,$f_k(s)$ 是指情景 s 下的应急服务设施候选点的权重,其余约束的意义如第 4 章、第 5 章对约束界定。

(3) 应急服务设施轴辐网络的相对鲁棒优化模型

$$\min \Gamma \qquad\qquad (6\text{-}20)$$

$$\text{s.t.} \ \min \sum_k f_k(s)X_{kk} \leqslant (\Gamma + 1)Z^*(s), \ \forall s \in S \qquad\qquad (6\text{-}21)$$

$$\sum_{k=1}^{n} X_{ik} = 1, \ \forall i \in N \qquad\qquad (6\text{-}22)$$

$$X_{ik} \leqslant X_{kk}, \ \forall i, k \in N \qquad\qquad (6\text{-}23)$$

$$t_{ik}X_{ik} \leqslant r_k, \ \forall i, k \in N \qquad\qquad (6\text{-}24)$$

$$(r_k + \alpha t_{km})X_{ik} + t_{jm}X_{jm} \leqslant T, \ \forall i, j, k, m \in N \qquad\qquad (6\text{-}25)$$

$$r_kX_{ik} + \alpha t_{km}X_{ik}X_{jm} + t_{jm}X_{jm} \leqslant \gamma^* t_{ij}, \ \forall i, j, k, m \in N \qquad (6\text{-}26)$$

$$X_{ik} \in \{0, 1\}, \ \forall i, k \in N \qquad\qquad (6\text{-}27)$$

$$r_k \geqslant 0, \ \forall k \in N \qquad\qquad (6\text{-}28)$$

其中约束条件式(6-23)是相对偏差鲁棒优化的要求,即对于应急轴辐网络布局的每一种设计,在所有可能发生的情景下,分别计算按其与每一种情景下目标值的偏差所占最优设施的目标值的比例,并保证取此比例的最大值作为衡量该网络设计鲁棒性标准。$Z(x, s) = \min \sum_k f_k(s)X_{kk}$,$Z^*(x) = \min \{Z(x, s)\}$,$f_k(s)$ 是指情景 s 下的应急服务设施候选点的权重。

以上式(6-4)、式(6-12)、式(6-20)中的 Γ 是变量,优化的结果是寻求满足约束条件的最小的 Γ,以及 Γ 达到最小时的网络设计方案,即应急枢纽点的确定和非应急枢纽点的分配,以鲁棒解而设计的应急服务设施轴辐网络可以最大限度地规避风险。

6.3.2 λ-SASCH 模型

定义 2：策略集 X，$x \in X$ 表示一个策略，即问题的一个可行解，$Z(x, s)$ 表示在所有情景 s 下采用的策略 x 时的目标值，$Z^*(s)$ 表示问题在情景 s 下的最优目标值，即 $Z^*(s) = \min \{Z(x, s)\}$，如果满足式(6-29)：

$$\frac{Z(x, s) - Z^*(s)}{Z^*(s)} \leqslant \lambda, \quad \text{或} \quad Z(x, s) \leqslant (1 + \lambda)Z^*(s), \ \forall s \in S$$

$$(6-29)$$

则称 x 是问题的 λ-鲁棒解，其中 $\lambda \geqslant 0$ 为事先给定的常数。

重大突发事件下应急服务设施选址轴辐网络布局受到各种因素的影响，而且这种因素具有明显的不确定性，但综合考虑各类因素，实质是对应急服务设施需求的不断变化，即该地区的应急服务设施的重要性不同。所以，本书将应急服务设施的重要性权重的不同排列组合视为不同的情景 s，所有不同组合构成情景集 S，在确定情景模型的基础上结合上述定义，构建了应急服务设施轴辐网络设计的双重 λ-鲁棒优化模型(λ-SASCH)，即鲁棒解的函数目标值和最远两点的出行时间与各种情景下的最优值之间的偏差分别控制在 λ_1 和 λ_2 之内，使得具有较好条件的候选设施点更易选为枢纽点，最远两点的最大出行时间尽量最小，设计的 λ-SASCH 如下：

$$\min \sum_k f_k(s)X_{kk} \tag{6-30}$$

$$\text{s.t.} \ \sum_{k=1}^{n} X_{ik} = 1, \ \forall i \in N \tag{6-31}$$

$$X_{ik} \leqslant X_{kk}, \ \forall i, k \in N \tag{6-32}$$

$$t_{ik}X_{ik} \leqslant r_k, \ \forall i, k \in N \tag{6-33}$$

$$(r_k + \alpha t_{km})X_{ik} + t_{jm}X_{jm} \leqslant T, \ \forall i, j, k, m \in N \tag{6-34}$$

$$r_kX_{ik} + \alpha t_{km}X_{ik}X_{jm} + t_{jm}X_{jm} \leqslant \gamma^* t_{ij}, \ \forall i, j, k, m \in N \tag{6-35}$$

$$X_{ik} \in \{0, 1\}, \ \forall i, k \in N \tag{6-36}$$

$$r_k \geqslant 0, \ \forall k \in N \tag{6-37}$$

$$F(x, s) \leqslant (1 + \lambda_1) F^*(s), \ \forall s \in S \tag{6-38}$$

$$Z(x, s) \leqslant (1 + \lambda_2) Z^*(s), \ \forall s \in S \tag{6-39}$$

其中，$F(x, s) = \max \{T_{ij}^{km}\}$，$F^*(s) = \min \{F(x, s)\}$，$Z(x, s) = \min \sum_k f_k(s) X_{kk}$，$Z^*(x) = \min \{Z(x, s)\}$，$f_k(s)$ 是指情景 s 下的应急服务设施候选点的权重，λ_1，λ_2 为预先设定的偏差常数。

约束条件式(6-38)、式(6-39)是 λ-鲁棒解的要求，约束条件式(6-36)表示在各种可能的情景下，由鲁棒解而构建的轴辐网络中最远两点之间的最大出行时间，与各种情景最优解构建的网络中最大出行时间的偏差控制在预设的范围内，即在应急轴辐网络中，当所有应急服务设施调度完成时所需时间的偏差控制在 λ_1 之内；约束条件式(6-37)表示由轴辐网络鲁棒解的目标值与各种情景下最优目标值的偏差控制在预设的 λ_2 范围内，使得具有较好条件(重要程度的权重较小)的候选点更易成为枢纽点。

6.4　鲁棒解的求解流程及算法

考虑多种可能发生的情景，对第4章确定情形的遗传算法加以改进以求的鲁棒解，流程如图 6-1 所示。鲁棒解求解的步骤如下：

(1) 赋初值 $Z^*(s) = +\infty$，$s = 1, 2, \cdots |S|$，$X^* = \Phi$，其中 X^* 表示鲁棒解的集合。

(2) 对于 x 的每一个可能取值，利用遗传算法分别在情景 $s = 1, 2, \cdots |S|$ 下求解最优解 $Z^*(x, s)$。

(3) 对于 $s = 1, 2, \cdots |S|$，若 $Z^*(x, s) \geqslant Z^*(s)$，则转入步骤(4)；否则 $Z^*(x, s) < Z^*(s)$，则更新 $Z^*(s)$，$Z^*(s) = \min \{Z^*(x, s), Z^*(s)\}$，转入步骤(4)。

(4) $\dfrac{Z^*(x, s) - Z^*(s)}{Z^*(s)} \leqslant \lambda$，对于 $s = 1, 2, \cdots |S|$ 都成立，则 $X^* = X^* + x$。

（5）对于 $x \in X^*$，若 $\dfrac{Z^*(x,s)-Z^*(s)}{Z^*(s)} > \lambda$，对于某个情景 s 成立，则

$X^* = X^* - x$。

（6）若 x 的所有可能取值都已检验，此时集合 X^* 包含全部的鲁棒解，否则转入 X^* 的下一个可能取值，转入步骤（2）。

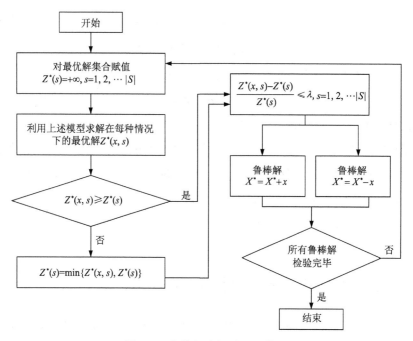

图 6-1　鲁棒解求解流程及算法

6.5　算例分析

本算例主要是验证模型与算法的有效性。为了和前面确定型模型的结果进行对比分析，算例的数据依然采用第 4 章算例数据，取该数据中的前 15 个设施点数据，各设施之间的最短出行时间如表 6-1 所示。要求在所有的情景 s 下，从 15 个应急服务设施中选择一定数量的设施作为枢纽点，在规定的最大到达时间约束下，满足目标函数 λ_1-鲁棒优化和最大出行时间的 λ_2-鲁棒优化，确

定以最少的枢纽点来覆盖所有的设施点。

表 6-1　15 个应急服务设施之间的出行时间(分钟)

应急服务设施点	1	2	3	4	5	6	7	8	9	10	11	12	13	14	15
1	0	605	279	269	337	332	212	165	265	545	411	511	218	146	473
2	605	0	331	801	943	821	614	765	669	905	260	90	837	574	769
3	279	331	0	516	616	525	317	442	372	609	129	242	510	247	473
4	269	801	516	0	376	516	477	112	524	750	648	740	229	426	732
5	337	943	616	376	0	251	449	288	401	423	748	848	133	419	641
6	332	821	525	516	251	0	248	412	145	194	621	741	307	309	420
7	212	614	317	477	449	248	0	373	96	376	414	534	363	73	341
8	165	765	442	112	288	412	373	0	420	646	574	674	142	311	628
9	265	669	372	524	401	145	96	420	0	279	469	588	356	151	218
10	545	905	609	750	423	194	376	646	279	0	705	825	541	437	241
11	411	260	129	648	748	621	414	574	469	705	0	144	642	379	569
12	511	90	242	740	848	741	534	674	588	825	144	0	742	479	689
13	218	837	510	229	133	307	363	142	356	541	642	742	0	331	575
14	146	574	247	426	419	309	73	311	151	437	379	479	331	0	388
15	473	769	473	732	641	420	341	628	218	241	569	689	575	388	0

　　根据每个设施点的地理状况、覆盖人口、交通运输能力等情况,通过事先确定的应急服务设施评价指标体系,对每个候选枢纽点的重要程度进行综合打分,即获得各候选设施点的重要性权重。本书确定了 3 种不同情景下的各设施点的权重,如表 6-2 所示。表中数据越小,表示权重越小,该点的重要程度越高,则越容易被选中成为枢纽点。

表 6-2　不同情景下的 15 个应急服务设施的候选权重

情景集 权重	f_1	f_2	f_3	f_4	f_5	f_6	f_7	f_8	f_9	f_{10}	f_{11}	f_{12}	f_{13}	f_{14}	f_{15}
s_1	55	72	28	67	53	49	52	40	36	78	54	69	43	56	42
s_2	51	76	59	70	55	62	37	39	40	79	56	63	47	50	41
s_3	53	73	46	65	49	55	44	37	39	81	53	58	45	53	40

表 6-2 中的数据,假设权重最大取 100,最小为 0,权重量纲大小与模型求解无影响,只需区分各点的作为候选点的优劣程度即可。

将上述改进遗传算法编译成 Matlab 程序,在 Matlab R2008a 中对 λ-SASCP 模型进行数值试验,算法涉及的相关参数设定如下:种群规模为 100,最大遗传代数 max GEN 为 200,交叉概率为 0.6,变异概率为 0.1,GEN_C 为 80,$\varepsilon = 0.001$。λ-SASCP 模型中参数设定:折扣系数 α 取值为 0.6;最大时间约束 T 取值 1 200 分钟,绕道系数 $\gamma^* = 5$。本书对鲁棒系数 λ_1,λ_2 的各种不同情况分别进行求解,结果如表 6-3、表 6-4、表 6-5 所示。

首先,令 $\lambda_1 = 0.15$,$\lambda_2 = +\infty$,即释放约束条件式(6-39),只需鲁棒解的目标值与各种情景下的最优目标值的偏差控制在 λ_1 之内即可。从表 6-3 中可以看出,各种情景下的最优目标值是 174,鲁棒解的个数是 4,其中鲁棒解 9(6,7,14),12(2,3,11),13(1,4,5,8),15(10) 和 7(1,14),9(10,15),12(2,3,11),13(4,5,6,8)虽然不是最优解,但同样满足偏差系数 λ_1 的要求,使得具有较好条件的候选设施点更易成为枢纽点。

表 6-3　最优解与鲁棒解($\lambda_1 = 0.15$,$\lambda_2 = +\infty$)

情景集	最优解 枢纽点(分配给该枢纽点的非枢纽点)	$Z^*(x)$	鲁棒解及 $Z(x,s)$
s_1	8(1,4,5,13),9(6,7,14),12(2,3,11),15(10)	187	9(6,7,14),12(2,3,11),13(1,4,5,8),15(10) $Z(x,s)$:(190,191,182)
s_2	7(1,14),8(4,5,13),9(6,10,15),12(2,3,11)	179	7(1,14),9(10,15),12(2,3,11),13(4,5,6,8) $Z(x,s)$:(200,187,186) 8(1,4,5,13),9(6,7,14),12(2,3,11),15(10) $Z(x,s)$:(187,183,174)
s_3	8(1,4,5,13),9(6,7,14),12(2,3,11),15(10)	174	7(1,14),8(4,5,13),9(6,10,15),12(2,3,11) $Z(x,s)$:(197,179,178)

　　其次，令 $\lambda_1=+\infty$，$\lambda_2=0.1$，即释放约束条件式(6-38)，只需鲁棒解中最远两点之间的最大出行时间与各种情景下最远两点最大出行时间的最优值之间的偏差控制在 λ_2 之内即可，与目标值是否超出偏差无关。从表 6-4 中可以看出，各种情景下的最大出行时间的最优值是 836.4，鲁棒解的个数是 4，鲁棒解中不包括三种情景下的最优解，因为三个解中的最大出行时间偏差范围超过 λ_2。其中鲁棒解 $9(6,7,14)$，$12(2,3,11)$，$13(1,4,5,8)$，$15(10)$ 的最大出行时间是：

$$F(x,s)=T_{3,5}^{12,13}=r_{12}+0.6t_{12,13}+t_{5,13}=916.2，满足 \frac{916.2-836.4}{836.4}<0.1，$$

该偏差是可接受的。

表 6-4　最优解与鲁棒解($\lambda_1=+\infty$，$\lambda_2=0.1$)

情景集	最优解枢纽点 (分配给该枢纽点的非枢纽点)	$F(x,s)$	$F^*(s)$	鲁棒解
s_1	$8(1,4,5,13)$，$9(6,7,14)$，$12(2,3,11)$，$15(10)$	934.4	836.4	$9(6,7,14)$，$12(2,3,11)$，$13(1,4,5,8)$，$15(10)$ $F(x,s)$：916.2 $9(6,10,15)$，$12(2,3,11)$，$13(1,4,5,8)$，$14(7)$ $F(x,s)$：916.2
s_2	$7(1,14)$，$8(4,5,13)$，$9(6,10,15)$，$12(2,3,11)$	934.4	836.4	$7(1,14)$，$9(10,15)$，$12(2,3,11)$，$13(4,5,6,8)$ $F(x,s)$：916.2 $7(1,6,9,14)$，$12(2,3,11)$，$13(4,5,8)$，$15(10)$ $F(x,s)$：916.2
s_3	$8(1,4,5,13)$，$9(6,7,14)$，$12(2,3,11)$，$15(10)$	934.4	916.2	$8(1,4,5,13)$，$9(6,10,15)$，$12(2,11)$，$14(3,7)$ $F(x,s)$：836.4

　　最后，当 $\lambda_1=0.15$，$\lambda_2=0.1$ 时，在双重鲁棒约束下，鲁棒解的个数减少为 2 个，如表 6-5 所示。两个鲁棒解都不是最优解，但鲁棒解的 $Z(x,s)$ 和 $F(x,s)$ 均满足 λ_1，λ_2 鲁棒要求。如果选择 s_1 情景下的最优解 $8(1,4,5,13)$，$9(6,7,14)$，$12(2,3,11)$，$15(10)$ 时，虽然能够满足目标函数的鲁棒要求，但该解的最大出行时间是 934.4，其鲁棒偏差远远超过 λ_2，即调度时间会延长。

表 6-5 最优解与鲁棒解($\lambda_1 = 0.15$, $\lambda_2 = 0.1$)

情景集	最优解 枢纽点(分配给该枢纽点的非枢纽点)	$Z^*(x)$	$F(x, s)$	$F^*(s)$	鲁棒解
s_1	8(1,4,5,13),9(6,7,14),12(2,3,11),15(10)	187	934.4	836.4	9(6,7,14),12(2,3,11),13(1,4,5,8),15(10)
s_2	7(1,14),8(4,5,13),9(6,10,15),12(2,3,11)	179	934.4	836.4	$Z(x, s)$: (190,191,182) $F(x, s)$: 916.2 7(1,14),9(10,15),12(2,3,11),13(4,5,6,8)
s_3	8(1,4,5,13),9(6,7,14),12(2,3,11),15(10)	174	934.4	916.2	$Z(x, s)$: (200,187,186) $F(x, s)$: 916.2

当然,鲁棒偏差系数 λ_1、λ_2 可以根据决策者的风险偏好来确定,在鲁棒解存在的前提下,可以进一步缩小偏差,同时也可以增大偏差系数,随着偏差系数的增大,鲁棒解的个数会随之增加,供决策者选择的余地也会增大。鲁棒解虽然不能保证在所有情景下都是最优的,但能够满足所有情景下的需求,能够很好地降低不确定性引起的风险。本书采用启发式算法对 NP-Hard 问题进行了求解,启发式算法由于停止条件以及迭代次数的限制,对于大规模数据的情况只能求出部分鲁棒解,但同样说明模型和算法的有效性。

6.6 本章小结

本章针对重大突发事件下的应急服务设施选址布局环境不确定性的特点,在应急服务设施单分配集覆盖选址-分配模型基础上,利用鲁棒优化的方法,提出了应对重大突发事件的轴辐网络布局的双重 λ-鲁棒优化模型,即将鲁棒解的目标函数值和最远两点最大出行时间与各种情景下最优值的偏差分别控制在 λ_1、λ_2 之内。根据模型,设计了改进的遗传算法和相应的鲁棒解的求解方法,验证了模型和算法的有效性。得到鲁棒解能够满足所有情景下的要求,具有很好的鲁棒性,能够适用于各种情景下的应急服务设施鲁棒选址-分配决策,降低决策面临的各种风险,从而有效降低重大突发事件造成的各类损失。

考虑时序特征的应急服务设施轴辐网络设施点布局优化

7.1 问题背景

重大突发事件的发生、发展和结束的实际过程,可以划分为预警期、突发期、缓解期和善后期四个阶段。随着应急响应和恢复重建工作的开展,应急需求随时间在不断变化,具有明显的时序特征。

不同救援阶段完成的工作和目标不同,对应急救援物资(保障类物资、专业性物资和特定物资)类别、数量需求也不同,只有在规定时间或者更早地配送出所需的应急物资和资源,才能达到有效应急救援的目的。

表7-1 应急物资需求时序表

人员救助 (当地)	救援装备(灾民自救互救)					
	本地救援装备、医疗物资					
外部救援力量 派遣、救援			外部救援装备、医疗物资			
食品和生活 用品供给		应急食品	食品、水和生活用品			
避难场所运营			帐篷等后勤保障类物资			
需求及达成 目标所需时间	0	0.5 小时	2 小时	4 小时	10 小时	12 小时	n 天

以地震应急救援为例,根据震后救援工作的紧急程度和救援需求,依次为:抢救埋压人员、医治伤员、卫生防疫、食品和生活用品供给及灾民安置等工作。为配合这些工作,依次需要向灾区提供救援装备(如破拆工具设备)、医疗救助类物资(如医药箱、救援担架)、后勤保障类物资(如食品、日用品、帐篷)等。表7-1为震后应急物资需求时序表,在震后 0.5 小时内,首要任务是抢救被埋压人员,到达救援现场并抢救埋压人员、转移灾民;在 2 小时内,需要医疗力量到达现场并医治伤员;在 4 小时内,需要食品和日用品物资送达灾民;在 12 小时内,需要帐篷以及临时厕所等安置物质。

由于短时间内,应急物资的海量需求和爆发式增长,增加了应急救援难度。考虑应急救援和物资配送的时序特征,分类分时配置和运送救援物资,可以减少应急紊乱,合理利用有限的配送资源。

7.2 应急服务设施点布局优化模型

考虑时效性、公平性和经济性,对于多级覆盖选址问题,以需求点各类物资权重最大化、最小覆盖质量水平最大化为决策目标构建多目标决策模型。

模型假设如下:①各储备库的物资类别、规格一致;②同一储备库一次性将物资配送至某个需求点,不考虑同一种物资被多次、多周期配送的情况。

定义:

U:所有物资需求类别集合($u \in U$);

Q_i^u:应急需求点 i 上第 u 类需求物资的需求量;

V^u:第 u 类需求物资的单位存储空间;

S_j:应急服务设施点 j 的可用储备面积;

h_j:应急服务设施点 j 的物资可堆放高度;

t_u:第 u 类物资需求的最小临界覆盖时间;

T_u:第 u 类物资需求的最大临界覆盖时间;

t_{ij}:应急服务设施点 j 到需求点 i 的平均交通时间;

$H(t_{ij})$:不考虑时序特征和物资的分类分时配送,设施 j 对需求点 i 的覆盖质量水平；

$F^u(t_{ij})$：应急服务设施点 j 对需求点 i 第 u 类物资需求的覆盖质量水平；

应急服务设施点 j 对需求点 i 的第 u 物资需求的覆盖质量水平公式为：

$$F^u(t_{ij}) = \begin{cases} 1 & t_{ij} \leqslant t_u,\text{需求点的应急需求被完全覆盖} \\ 1-\left(\dfrac{t_{ij}-t_u}{T_u-t_u}\right) & t < t_{ij} \leqslant T_u,\text{可以覆盖该需求点的应急需求} \\ 0 & t_{ij} > T_u,\text{无法覆盖该需求点的应急需求} \end{cases}$$

α^u：控制变量，第 u 类物资的覆盖质量水平下限；

λ：控制变量，加权救援时间上限；

z_{ij}^u：若需求点的第 u 类物质需求被应急服务设施点 j 覆盖，$z_{ij}^u=1$；否则，$z_{ij}^u=0$。

7.2.1　不考虑时序特征和仓库容量的优化模型

（1）覆盖总需求的权重

当不考虑需求时序特征和仓库容量限制时，需求点 i 的人口数量 M_i，则不同覆盖质量水平下，覆盖总需求的权重可表示为：

$$\sum_{j\in J}\sum_{i\in I}M_iH(t_{ij})z_{ij}$$

（2）考虑覆盖质量水平的均衡性和救援公平性

考虑救援公平性，保证每个需求点均被覆盖一次，且使平均加权救援最大时间最小：

$$\sum_{j\in J}z_{ij}=1$$

$$\min\left[\max_{i\in I}\left(\sum_{j\in J}M_it_{ij}z_{ij}\right)\right]$$

引入控制变量 λ_1，则上述公式可转化为如下：

$$\min\lambda_1$$

$$\sum_{j\in J}M_it_{ij}z_{ij}\leqslant\lambda_1$$

考虑覆盖率水平的均衡性,使覆盖率水平最低的需求点的覆盖质量水平能够尽量大:

$$\max\left[\min_{i\in I}(\sum_{j\in J}H(t_{ij})z_{ij})\right]$$

引入控制变量 α,则上述公式可转化为如下:

$$\max\alpha$$

$$\sum_{j\in J}z_{ij}H(t_{ij})\geqslant\alpha$$

(3)考虑应急服务设施点数量

随着应急服务设施点 P 的增多,会增加需求点的覆盖质量水平,但也会增加建设成本。考虑资源有限,应合理建设应急服务设施点。

模型构建:

$$y_1=\max\sum_{j\in J}\sum_{i\in I}M_iH(t_{ij})z_{ij} \tag{7-1}$$

$$y_2=\max\alpha \tag{7-2}$$

$$y_3=\min\lambda_1 \tag{7-3}$$

$$\text{s.t.}\sum_{j\in J}x_j=P \tag{7-4}$$

$$z_{ij}\leqslant x_j \qquad \forall i\in I,j\in J \tag{7-5}$$

$$\sum_{j\in J}z_{ij}=1 \qquad \forall i\in I \tag{7-6}$$

$$x_j,z_{ij}=0,1 \qquad \forall i\in I,j\in J \tag{7-7}$$

$$\sum_{j\in J}H(t_{ij})z_{ij}\geqslant\alpha \qquad \forall i\in I \tag{7-8}$$

$$\sum_{j\in J}M_it_{ij}z_{ij}\leqslant\lambda_1 \qquad \forall i\in I \tag{7-9}$$

目标函数式(7-1)表示不同覆盖质量水平下,最大化覆盖总需求点的权重,考虑救援有效性;式(7-2)和式(7-8)使最低覆盖质量水平最大,追求最低覆盖水平的最大化,考虑覆盖质量水平的均衡性;式(7-3)和式(7-9)使加权救援最大时间最小,考虑救援公平性;式(7-4)表示应急服务设施点数目设定为P个;约束条件式(7-5)表明只有选定的应急服务设施点才能提供应急需求服务;式(7-6)表示需求点均能被覆盖到一次;式(7-7)保证决策变量为 0,1 整数变量。

7.2.2　考虑时序特征和仓库容量的优化模型

考虑物资配送时序特征和仓库容量限制,则需要定义多个多层级质量覆盖。假设应急服务设施点j可为需求点i提供u类应急物资,且各类物资时序要求存在较大差异,本模型根据各类物资配送时序特征来划分覆盖服务等级,各级均对应一个最小和最大覆盖临界。

如图 7-1 所示,假设存在应急服务设施点j_1、j_2、j_3为需求点i_1、i_2供应两类应急物资,t_1、t_2分别为第一类、第二类物资的最小覆盖临界时间,T_1、T_2分别为第一类、第二类物资的最大覆盖临界时间。当应急服务设施点为j_1时,对i_1的两类物资需求均提供完全覆盖;应急服务设施点为j_2时,对i_1的第二类需求提供完全覆盖,对i_2的第二类需求提供一般质量覆盖,而两个需求点的第一类需求均得不到覆盖;应急服务设施点为j_3时,对i_2的第一类物资需求提供一般质量覆盖,第二类物资需求提供完全覆盖。

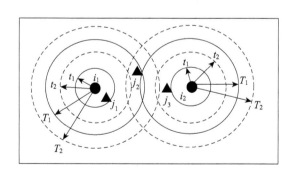

●应急需求点i,　▲应急服务设施点j,t最小覆盖临界,T最大覆盖临界

图 7-1　两个多层级覆盖

(1) 覆盖需求点的各类物资权重

$$\sum_{u \in U} \frac{Q_i^u F^u(t_{ij})}{\sum\limits_{i \in I} Q_i^u} z_{ij}^u$$

则不同覆盖质量水平下，p 个应急服务设施点覆盖需求点各类物资的总权重表示为：

$$\sum_{i \in I} \sum_{j \in J} \sum_{u \in U} \frac{Q_i^u F^u(t_{ij})}{\sum\limits_{i \in I} Q_i^u} z_{ij}^u$$

（2）考虑救援公平性和覆盖率水平的均衡性

考虑公平性：

$$\sum_{i \in I} z_{ij}^u = 1$$

$$\min \lambda_2$$

$$\sum_{j \in J} \left(\sum_{u \in U} \frac{Q_i^u}{\sum\limits_{i \in I} Q_i^u} \right) t_{ij} z_{ij}^u \leqslant \lambda_2$$

考虑各类需求最低覆盖率水平之和最大化：

$$\max_{u \in U} \alpha^u$$

$$\sum_{j \in J} z_{ij}^u F^u(t_{ij}) \geqslant \alpha^u$$

设 U 个目标权重相同，将上述转化为：

$$\max \sum_{u \in U} a^u$$

$$\sum_{j \in J} z_{ij}^u F^u(t_{ij}) \geqslant \alpha^u$$

（3）考虑仓库空间容量限制

$$\sum_{i \in I} \sum_{u \in U} Q_i^u F^u(t_{ij}) V^u z_{ij}^u \leqslant h_j S_j x_j$$

模型构建：

$$y_4 = \max \sum_{i \in I} \sum_{j \in J} \sum_{u \in U} \frac{Q_i^u F^u(t_{ij})}{\sum\limits_{i \in I} Q_i^u} z_{ij}^u \tag{7-10}$$

$$y_5 = \max \sum_{u \in U} a^u \tag{7-11}$$

$$y_6 = \min \lambda_2 \tag{7-12}$$

$$\text{s.t.} \sum_{j \in J} x_j = P \tag{7-13}$$

$$\sum_{i \in I} \sum_{u \in U} Q_i^u F^u(t_{ij}) V^u z_{ij}^u \leqslant h_j S_j x_j \qquad \forall j \in J \tag{7-14}$$

$$x_j, z_{ij}^u = 0, 1 \qquad \forall i \in I, j \in J, u \in U \tag{7-15}$$

$$z_{ij}^u \leqslant x_j \qquad \forall i \in I, j \in J, u \in U \tag{7-16}$$

$$\sum_{j \in J} z_{ij}^u = 1 \qquad \forall i \in I, u \in U \tag{7-17}$$

$$\sum_{j \in J} z_{ij}^u F^u(t_{ij}) \geqslant \alpha^u \qquad \forall i \in I, u \in U \tag{7-18}$$

$$\sum_{j \in J} \left(\sum_{u \in U} \frac{Q_i^u}{\sum_{i \in I} Q_i^u} \right) t_{ij} z_{ij}^u \leqslant \lambda_2 \qquad \forall i \in I \tag{7-19}$$

目标函数式(7-10)表示不同覆盖质量水平下,最大化覆盖需求点各类物资的权重,考虑救援有效性;式(7-11)和式(7-18)使各类最低覆盖质量水平之和最大,考虑最低覆盖水平的最大化和覆盖质量水平的均衡性;式(7-12)和式(7-19)使加权救援最大时间最小,考虑救援公平性;式(7-13)表示待选的应急服务设施点为 P 个;式(7-14)表示物资占用容量不超过仓库可用空间容量;式(7-15)保证决策变量为 0—1 整数变量;式(7-16)表明被选中应急服务设施点提供应急需求服务;式(7-17)表示需求点各种需求均能被覆盖到一次。

7.3　应急服务设施点布局优化模型求解

目前对于多目标规划问题的求解方法有多种:①约束法以及评价函数法是一般常用的传统求解方法,主要是将多目标转化成单目标问题进行求解。②除传统求解方法外,还可采用多目标进化算法来求解,主要是获取问题的非劣解集。

两类方法各具优缺点,本节选择评价函数法中的极大模理想点法和多目标进化算法中的 NSGA Ⅱ 两种方法分别对模型进行求解。

1）极大模理想点法

假设求解一个由 n 个目标的多目标模型（假设目标均为最小化），表示如下：

$$\min_{x \in X}[f_1(x), \cdots f_n(x)]$$

设 n 个分目标 $f_i(x)(i=1, 2, \cdots n)$ 的最优目标值记 $f_i^*(x)$，则

$$f^* = [f_1^*(x), \cdots f_n^*(x)]^{\mathrm{T}}$$

称为模型的理想点。引进模 $\|.\|$，令 $u(f) = \|f - f^*\|$ 为评价函数，其中 $f = [f_1(x), \cdots f_n(x)]^{\mathrm{T}}$，

引入权重，问题转化为最小化最大单目标问题：

$$\min_{x \in X} \max_{i=1, 2, \cdots n} w_i(f_i(x) - f_i^*(x)),$$

引入变量 $\lambda \geqslant 0$，模型可进一步转化如下：

$$\min \lambda$$

$$\text{s.t.} \ x \in X$$

$$w_i[f_i(x) - f_i^*(x)] \leqslant \lambda, \ i = 1, 2, \cdots, n$$

基于极大模理想点法，构造目标偏差率最小化模型。

（1）构建不考虑时序特征和仓库容量的目标偏差率最小化模型，步骤如下。

step 1：求出以最大化覆盖总需求点的权重为目标的单目标模型目标值

$$y_1 = \max \sum_{j \in J} \sum_{i \in I} M_i H(t_{ij}) z_{ij}$$

$$\text{s.t.} \ (7\text{-}4) - (7\text{-}7)$$

求得最优解对应的目标值，记为 $Y_1^{\max}$。

step 2：求出以最大化最低覆盖率水平为目标的单目标模型的目标值

$$y_2 = \max \alpha$$

$$\text{s.t.} \ (7\text{-}4) - (7\text{-}8)$$

求得最优解相应的目标值,记为 $Y_2^{\max}$。

step 3:求出以最小化加权最大时间为目标的单目标模型的目标值

$$y_3 = \min \lambda_1$$

s.t. $(7\text{-}4)\text{-}(7\text{-}7)$ & $(7\text{-}9)$

求得最优解对应目标值,记为 $Y_3^{\min}$。

step 4:构造目标偏差率最小化模型

$$Y_1 = \sum_{j \in J} \sum_{i \in I} M_i H(t_{ij}) z_{ij}$$

$$Y_2 = \alpha$$

$$Y_3 = \lambda_1$$

$Y_1^{\max} - Y_1$、$Y_2^{\max} - Y_2$、$Y_3 - Y_3^{\min}$ 分别为模型最优目标值的偏差值。定义 β_i 为目标 $i(i=1, 2, 3)$ 的偏差率:$\beta_1 = (Y_1^{\max} - Y_1)/Y_1^{\max}$、$\beta_2 = (Y_2^{\max} - Y_2)/Y_2^{\max}$、$\beta_3 = (Y_3 - Y_3^{\min})/Y_3^{\min}$。

则多目标布局优化模型转化为如下最大目标偏差率最小化模型:

$$\min \max_{i=1, 2, 3} \beta_i \tag{7-20}$$

s.t. $(7\text{-}4)\text{-}(7\text{-}9)$

引入控制变量,模型可进一步转化如下:

$$y_7 = \min \beta \tag{7-21}$$

s.t. $\beta_i \leqslant \beta, \ i = 1, 2, 3 \tag{7-22}$

$$(7\text{-}4)\text{-}(7\text{-}9)$$

求解得最优解对应的目标值,记为 $Y_7^{\min}$。

(2) 构建考虑时序特征和仓库容量的目标偏差率最小化模型,步骤如下。

step 1:求出以最大化覆盖总需求点的权重为目标的单目标模型的目标值

$$y_4 = \max \sum_{i \in I} \sum_{j \in J} \sum_{u \in U} \frac{Q_i^u F^u(t_{ij})}{\sum_{i \in I} Q_i^u} z_{ij}^u \tag{7-23}$$

s.t. $(7\text{-}14)\text{-}(7\text{-}18)$

求解得最优解对应的目标值，记为 $Y_4^{\max}$。

step 2：求出以最大化最低覆盖率水平之和为目标的单目标模型的目标值

$$y_5 = \max \sum_{u \in U} \alpha^u \tag{7-24}$$
$$\text{s.t.} \ (7\text{-}14)\text{-}(7\text{-}19)$$

求解得最优目标值，记为 $Y_5^{\max}$。

step 3：求出以最小化加权最大时间为目标的单目标模型的目标值

$$y_6 = \min \lambda_2 \tag{7-25}$$
$$\text{s.t.} \ (7\text{-}14)\text{-}(7\text{-}14) \ \& \ (7\text{-}19)$$

求解得最优目标值，记为 $Y_6^{\min}$。

step 4：构造目标偏差率最小化模型

$$Y_4 = \sum_{i \in I} \sum_{j \in J} \sum_{u \in U} \frac{Q_i^u F^u(t_{ij})}{\sum_{i \in I} Q_i^u} z_{ij}^u$$
$$Y_5 = \max \sum_{u \in U} \alpha^u$$
$$Y_6 = \lambda_2$$

$Y_4^{\max} - Y_4$、$Y_5^{\max} - Y_5$、$Y_6 - Y_6^{\min}$ 分别为模型最优目标值的偏差值。定义 γ_i 为目标 $i(i=1,2,3)$ 的偏差率：$\gamma_1 = (Y_4^{\max} - Y_4)/Y_4^{\max}$、$\gamma_2 = (Y_5^{\max} - Y_5)/Y_5^{\max}$、$\gamma_3 = (Y_6 - Y_6^{\min})/Y_6^{\min}$。

则多目标布局优化模型转化为如下最大目标偏差率最小化模型：

$$\min \max_{i=1,2,3} \gamma_i \tag{7-26}$$
$$\text{s.t.} \ (7\text{-}13)\text{-}(7\text{-}19)$$

引入控制变量 $\gamma \geqslant 0$，模型可进一步转化如下：

$$y_8 = \min \gamma \tag{7-27}$$
$$\text{s.t.} \ r_i \leqslant \gamma, \ i=1,2,3 \tag{7-28}$$
$$(7\text{-}13)\text{-}(7\text{-}19)$$

求解得最优解对应的目标值,记为 $Y_8^{\min}$。

对于构造的目标偏差率最小化模型,考虑采用精确算法中的分支定界法来求解。精确算法可找到全局最优解,对规模较小的实际问题,可使用此方法来解决。

分支定界法求解步骤。

假设存在一个目标函数为最大化的整数规划问题:

$$IP:\max z$$

$$\text{s.t. } AX = B, \ X \in \text{整数}$$

其松弛问题为:

$$LP:\max z$$

$$\text{s.t. } AX = B$$

原问题最优解记为 X^*,松弛问题的最优解记 $X_B = \{x_1, x_2, \cdots, x_n\}^{\mathrm{T}} = \{b_1, b_2, \cdots, b_n\}^{\mathrm{T}}$,则:

(1) 若 X_B 为整数,则 $X_B = X^*$ 否则选择松弛问题的最优解中不为整数的一个分量 x_i 进行分枝:$\bar{x}_i \leqslant [b_i]$ 和 $\bar{x}_i \geqslant [b_i] + 1$。

(2) 将 $\bar{x}_i \leqslant [b_i]$ 和 $\bar{x}_i \geqslant [b_i] + 1$ 分别加入原松弛问题的约束中,形成两个子问题。两个子问题的最优解分别记为 X_{B1} 和 X_{B2},目标值分别记 z_1 和 z_2。

(3) 判断 X_{B1} 和 X_{B2} 是否为整数。若均为整数,则规定整数规划目标值的下界 $\underline{z} = \max(z_1, z_2)$,或其中之一为整数如 X_{B1} 为整数,则 $\underline{z} = z_1$。

(4) 当解不为整数时需要继续分枝并不断更新下界值(目标值小于下界的分枝子问题舍弃,大于下界的目标值作为当前下界值)。

(5) 当所有分枝对应的子问题的目标值均不大于下界值时,下界值对应整数解即为最优解。

此外,本书构造的模型属于 NP-Hard 问题,在规模较大的实际问题中,分支定界法求全局最优解时,程序耗用时间可能很长,此时找到全局最优解的目标不再适用,可以通过找出相对较优的可行解的方式来解决。具体可考虑采用在 lingo 中对程序运行时间设定一个可接受的上限值,在这个限值内尽管无法找到全局最优解,但一段时间的迭代之后可以找到相对较优的可行解。

2) NSGAII 算法

使用极大模理想点法将模型转化成单目标问题后,利用分支定界法进行求解一定情况下可获得全局最优解。但该方法也存在一定的局限性:

①转化成单目标后,只能得到一个可行解,而实际中决策者可能希望获得多个可行解,以比较不同的决策方案;②权重的设定具有一定的主观性,需要决策者根据实际情况设定合理的权重;③要分别计算得到各个分目标的最优解,增加运算步骤和计算量。

多目标进化算法无需设定权重,能一次获取多个可行解,且能有效解决大规模的实际问题。对于一个由 n 个目标组成的多目标问题,改善某一目标 f_i 的性能,往往降低其他目标的性能,不存在或很难找到使所有分目标均取得最优的解,通常是采用进化算法获取该问题的一个非劣解集合,又称 Pareto 解集。如图 7-2 所示,假设一个最小化的两目标(f_1、f_2)优化问题,共有 7 个可

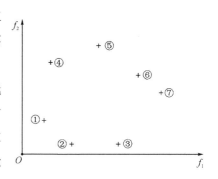

图 7-2　最小化两目标问题

行解。由于③、④、⑤、⑥和⑦均存在比其更优的解(其中②优于③,①优于④,①、②、④优于⑤,①、②、③优于⑥、⑦),而找不到比①、②更优的解,且①和②的优越性难以比较,则将{①,②}称为该双目标问题的非劣解集合。

Srinivas 和 Deb[109]于 1995 年提出了 NSGA 算法,是最具代表性的基于 Pareto 思想的多目标进化算法之一。之后,Deb 等[110]在 2002 年又提出了 NSGA-Ⅱ,对第一代 NSGA 的缺陷进行了改进。

(1)初始化种群

进化代数 $gen=0$,设定群体规模 N 的父代种群 $P_t(t=0)$,决策变量 x_j、z_{ij} 需通过编码求解。对于一个有 n 需求点、m 个设施点的选址问题,z_{ij} 涵盖的变量个数为 $n*m$,x_j 涵盖的变量个数为 m。z_{ij} 和 x_j 编码方式:将 1 至 m

这 m 个整数按照洗牌方式随机产生一组数,将前 P 个值作为被选中的设施点,接着令 x_j 对应的位置变为 1,其余位置的值变为 0。同样,变量 z_{ij} 采用 0/1 编码,按照 x_j 编码情况和约束条件进行设置。

(2) 适应度计算

将染色体解码,并按照多目标布局优化模型计算与每个个体相适应的目标函数,再根据目标函数值进行非裂解分层,从而计算每一层个体的适应度。

(3) 非支配排序和拥挤距离计算

根据多目标布局优化模型计算结果对种群中个体进行排序,非支配序"rank"值依次为 1,2,L。同一前沿面上的个体"rank"值相同,"rank"值小的个体支配"rank"值大的个体。在进行分层排序的同时,计算同一前沿面上个体间的拥挤距离。

(4) 个体选择

选择操作目的是对种群中个体进行优胜劣汰,本文采用二元锦标赛选择策略,根据非支配序及拥挤距离来筛选。对于两个个体,若各自非支配序"rank"值不同,则选择"rank"小的个体;如果非支配序"rank"值相同,选择拥挤距离较大的个体。

(5) 交叉和变异算子

只对染色体中对应变量 P 的基因部分进行交叉和变异,对应决策变量的基因部分仍按照 x_j 编码情况和模型约束条件进行设置。对于交叉操作,设定一个交叉概率 p_c($0 < p_c < 1$),随机产生纯小数,若小于 p_c,则进行交叉操作;若大于等于 p_c,则进行变异操作。本书采用逆位变异,任意选取两个变异点,将变异点之间的编码值进行左右翻转。

7.4　算例分析

四川省是我国地震多发地区,省内分布多个地震带,其中松潘—较场地震带主要分布在民族自治州——阿坝藏族·羌族自治州境内,该地震带内曾发生过数次 7 级以上地震。

阿坝藏族·羌族自治州位于四川省西北部,地广人稀,辖区内含1市(马尔康市)和12县,如图7-3所示。州政府以其辖区内共13个地区为潜在受灾点,为了应对地震灾害,计划从该13个潜在受灾点中选择合适数目的地点作为应急服务设施点建造地,应急服务设施点的设计基准期为50年;设施点储备的物品包括:多功能折叠铲、安全帽、帐篷、棉毯、医药救护包(主要含说明书、绷带、止血带、创可贴、医用剪刀、镊子、酒精片、纱布片),物资堆放高度为1.5米。应急服务设施点储备的物品及最小、最大临界覆盖时间为:多功能折叠铲、安全帽属于救援装备类,要求0.5~4小时内送达;医药救护包属于医疗救助类物资,要求2~4小时内送达;帐篷、棉毯属于后勤保障类物资,要求6~10小时内送达。最小覆盖临界时间分别为:0.5小时、2小时和6小时,最大覆盖临界时间分别为4小时、4小时、10小时。潜在受灾区之间的距离(公里)参考文献[111],平均行车速度按照60公里/小时,计算出平均行车时间(小时)见表7-2,各需求区的灾区人口总数(万人)、地区面积(平方千米)见表7-3,应急物资占用储备容量(立方米)见表7-4。i_1、i_2、$\cdots$、i_{13}分别为马尔康、金川、小金、红原、阿坝、若尔盖、壤塘、汶川、茂县、理县、松潘、九寨、黑水。

图7-3 阿坝羌族自治州

表7-2 潜在受灾区之间的平均行车时间（小时）

县/市	i_1	i_2	i_3	i_4	i_5	i_6	i_7	i_8	i_9	i_{10}	i_{11}	i_{12}	i_{13}
1. 马尔康	0.000	1.533	2.383	3.117	4.100	5.400	3.133	3.667	4.750	3.133	6.783	8.700	2.933
2. 金川	1.533	0.000	2.533	4.650	5.633	6.933	3.450	4.950	5.650	3.983	8.067	9.933	4.467
3. 小金	2.383	2.533	0.000	5.167	6.100	7.417	5.683	4.217	4.900	4.533	7.317	9.717	4.950
4. 红原	3.117	4.650	5.167	0.000	2.600	2.283	5.367	4.800	4.767	3.833	3.500	5.333	2.717
5. 阿坝	4.100	5.633	6.100	2.600	0.000	3.367	2.783	5.750	5.700	4.767	5.733	6.750	3.667
6. 若尔盖	5.400	6.933	7.417	2.283	3.367	0.000	6.150	5.783	5.117	6.083	2.683	3.383	4.983
7. 壤塘	3.133	3.450	5.683	5.367	2.783	6.150	0.000	6.767	7.467	5.800	8.517	9.533	6.233
8. 汶川	3.667	4.950	4.217	4.800	5.750	5.783	6.767	0.000	0.700	0.983	3.100	5.500	2.717
9. 茂县	4.750	5.650	4.900	4.767	5.700	5.117	7.467	0.700	0.000	1.683	2.433	4.833	2.050
10. 理县	3.133	3.983	4.533	3.833	4.767	6.083	5.800	0.983	1.683	0.000	4.100	6.500	3.633
11. 松潘	6.783	8.067	7.317	3.500	5.733	2.683	8.517	3.100	2.433	4.100	0.000	2.400	3.517
12. 九寨沟	8.700	9.933	9.717	5.333	6.750	3.383	9.533	5.500	4.833	6.500	2.400	0.000	5.917
13. 黑水	2.933	4.467	4.950	2.717	3.667	4.983	6.233	2.717	2.050	3.633	3.517	5.917	0.000

表7-3 潜在受灾区地区总人口、面积

县/市	i_1	i_2	i_3	i_4	i_5	i_6	i_7	i_8	i_9	i_{10}	i_{11}	i_{12}	i_{13}
人口（万人）	5.98	7.45	7.99	4.83	7.65	7.74	4.18	10.02	11.09	4.85	7.51	8.12	6.05
面积（平方公里）	6 639	5 524	5 571	8 398	10 435	10 437	6 836	4 083	4 075	4 318	8 486	5 286	4 154

表7-4 应急物资占用储备容量(单位:立方米)

安全帽(4个)	帐篷(篷架+篷包)	棉毯(20条)	折叠铲(折叠后)	医药包
0.006 5	0.312	0.293	0.001 44	0.002 73

1. 不考虑时序特征和仓库容量的布局优化模型求解

假设应急服务设施点储备多类应急物资,但不对各类物资时序特征进行详细区分。根据救援紧急程度可知:所有需求均得到满足的最小覆盖临界为0.5

小时,所有需求均得不到满足的最大覆盖临界为 10 小时。

1) 分支定界法求解

(1) 确定合理的 P 值

计算分析不同 P 值对应的目标值,见表 7-5。

表 7-5　不同 P 值下的最优目标值

P	3	4	5	6	7	8	9	10
$Y_1^{\max}$	40.364 3	41.344 6	42.268 2	42.920 9	43.494 9	44.011 9	44.396 4	44.743 6
$Y_2^{\max}$	0.722 8	0.759 7	0.778 9	0.800 0	0.801 8	0.812 3	0.836 8	0.891 3
$Y_3^{\min}$	10.487 3	8.104 65	7.219 05	6.888	5.509	4.735 5	4.452 8	4.223 55

随 P 值增加覆盖需求点的价值权重变化以及价值权重增幅变化图,分别见图 7-4、图 7-5。由图表可知:①随着 P 值增加,覆盖需求点权重和能获得的最大最低覆盖率水平均逐渐增加,而覆盖需求点价值权重增幅逐渐减小。②P 为 5、8 时,覆盖需求点的权重出现较明显的折点,处于折点间的值为 6、7。③当 P 由 6、7 分别增加为 7、8 时,覆盖需求点的权重增幅值分别 0.574、0.517,增幅值较小。当 P 为 6、7 时,能获得的最大最低覆盖率水平分别 0.8、0.801 8,覆盖率水平较高。综上,考虑选择建造的应急服务设施点的数目为 6 个或 7 个。

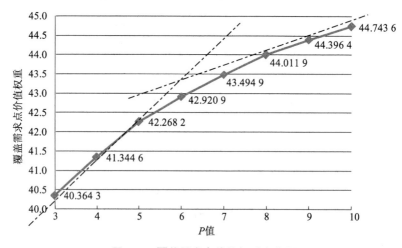

图 7-4　覆盖需求点价值权重变化图

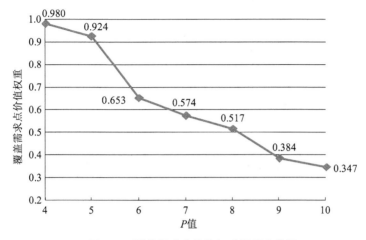

图 7-5　覆盖需求点价值权重增幅变化图

（2）$P=6$ 时，分析各模型求解的目标值偏差率 β（表 7-6）

表 7-6　$P=6$ 时，各模型的最大目标值偏差率

$P=6$	最大化覆盖需求点价值模型	$Y_1^{\max}=42.920\,9$	$Y_2=0.759\,7$	$Y_3=6.888\,0$	$\beta=5.04\%$
	最大化最小覆盖率水平模型	$Y_1=42.321\,2$	$Y_2^{\min}=0.800\,0$	$Y_3=8.104\,6$	$\beta=17.66\%$ 0.007 54
	最小化最大加权救援时间模型	$Y_1=41.696\,6$	$Y_2=0.722\,8$	$Y_3^{\min}=6.888\,0$	$\beta=9.65\%$
目标偏差率最小化模型		$Y_1=42.490\,9$	$Y_2=0.786\,0$	$Y_3=7.219\,1$	$Y_7^{\min}=4.81\%$ 0.048 1

　　四种模型中，目标偏差率最小化模型求解结果得到的最大目标偏差率最小，各个目标值均能获得较好的结果。说明了目标偏差率最小化模型能更好均衡兼顾所有分目标以及使用该模型进行布局优化的有效性。

　　（3）$P=6$ 时，目标偏差率最小化模型的选址结果

　　根据表 7-7 中 $P=6$ 时，目标偏差率最小化模型的选址结果。选中的建造应急服务设施点的 6 个地点为小金、阿坝、若尔盖、壤塘、茂县和九寨沟。同时，应急服务设施点与潜在受灾点的依附关系如图 7-6 所示。

表7-7 *P*＝6时,目标偏差率最小化模型选址结果

应急服务设施点建造点	覆盖潜在受灾点	覆盖最远的潜在受灾点	覆盖质量水平	行车时间(小时)
小金	马尔康、金川、小金	金川	78.60%	2.533
阿坝	阿坝	阿坝	100%	0
若尔盖	红原、若尔盖	红原	81.23%	2.283
壤塘	壤塘	壤塘	100%	0
茂县	汶川、茂县、理县、黑水	黑水	83.68%	2.050
九寨沟	九寨沟、松潘	松潘	80%	2.400

图7-6 应急服务设施点和潜在受灾点间依附关系

注:实际行车路线条为曲线,图上线条长短不能直接反映行车距离远近。

(4)分支定界法算法的有效性。

分支定界法的算法有效性体现在两个方面:①解的质量,能否得到全局最优解。②算法效率,算法求解运行时间是否在可接受时长之内。

Ⅰ.阿坝藏族·羌族自治州算例:需求点个数13个,备选应急服务设施点建造点13个。

在英特尔 CPU:3.30 GHZ,matlabR2014a 中数据和相关参数处理用时

0.069 8 秒，lingo11 中采用分支定界法求解 $P=6$ 或 7 情况下的模型用时：$Y_1^{\max}$、$Y_3^{\min}$、$Y_7^{\min}$ 求解时间均不超过 1 s，$Y_2^{\max}$ 求解时间为 1 s。由此可知，当算例规模较小时，使用分支定界法得全局最优解计算效率很高。

以 $P=6$ 时程序运行时间为 1 s，找到全局最优解，对应目标值为 0.8；分支定界法总共分枝数为 91 个，求解总共迭代次数为 138 22 次。

Ⅱ. 增大算例规模：需求点 40 个，备选设施点 20 个。

在 400 * 400 的平面内随机生成 40 个需求点和 20 个备选设施点坐标（表7-8）：

表 7-8　需求点和设施点坐标

需求点	i_1	i_2	i_3	i_4	i_5	i_6	i_7	i_8	i_9	i_{10}
Xi	135	20	200	116	45	173	287	131	335	214
Yi	269	294	378	151	386	33	203	302	101	174
需求点	i_{11}	i_{12}	i_{13}	i_{14}	i_{15}	i_{16}	i_{17}	i_{18}	i_{19}	i_{20}
Xi	63	375	360	171	99	213	310	294	242	51
Yi	240	43	220	61	179	142	353	162	257	198
需求点	i_{21}	i_{22}	i_{23}	i_{24}	i_{25}	i_{26}	i_{27}	i_{28}	i_{29}	i_{30}
Xi	124	378	13	370	104	205	274	349	38	364
Yi	232	171	372	143	315	225	37	378	339	4
需求点	i_{31}	i_{32}	i_{33}	i_{34}	i_{35}	i_{36}	i_{37}	i_{38}	i_{39}	i_{40}
Xi	209	154	305	253	336	253	108	222	36	13
Yi	260	260	230	111	171	334	160	177	298	172
设施点	j_1	j_2	j_3	j_4	j_5	j_6	j_7	j_8	j_9	j_{10}
Xj	14	209	153	102	358	250	358	1	94	257
Yj	391	364	354	364	159	227	85	353	98	122
设施点	j_{11}	j_{12}	j_{13}	j_{14}	j_{15}	j_{16}	j_{17}	j_{18}	j_{19}	j_{20}
Xj	331	379	321	250	34	356	94	198	92	225
Yj	354	156	63	280	213	105	336	61	263	117

根据坐标使用欧式距离公式求解需求点到设施点间距离，并由此计算出平

均行车时间。设施 j 到需求点 i 的平均行车时间 $= [(Xi - Xj)^2 + (Yi - Yj)^2]^{1/2}/60$。以最大化最小覆盖水平模型求解为例。求解用时,如表 7-9 所示。

表 7-9　求解用时

P	3	4	5	6	7	8	9	10
Y_2^{max}	0.787 7	0.816 5	0.852 6	0.859 3	0.873 1	0.876 2	0.887 7	0.908 1
用时(秒)	4	6	3	5	3	3	2	2

程序运行时间为 5 秒,找到全局最优解,对应目标值为 0.859 263 3;分支定界法总共分枝数为 246 个,求解总共迭代次数为 46 326 次,对比算例,分枝数和迭代次数均有增加。根据求解用时可知,当规模增大使用分支定界法获取全局最优解时,计算求解效率依旧较高。

综合(1)～(4)点,一方面说明了模型选址结果的有效性:①最低覆盖质量水平均较高,达到 78% 以上。②目标偏差率最小化模型求解得到的最大偏差率最小,能更好地均衡各个目标。另一方面说明了使用精确算法-分支定界法求解的有效性:当选址规模增大时,依旧能够得到全局最优解,且程序运行时间较短,算法效率较高。

2) NSGA-Ⅱ求解分析

(1)算法求解结果分析。

为更好地与分支定界法求解结果进行对比以及分析 NSGA-Ⅱ 的算法有效性,本节更改设定算法程序中目标个数,分别求解单目标、两目标和三目标模型,并分析求解结果。

在英特尔 CPU:3.30GHZ,matlabR2014a 中编程运算,设定:初始种群 100,迭代 100 次,交叉概率 0.8,变异概率 0.2。运算结果如表 7-10 所示。

表 7-10　$P=6$ 时,单目标模型求解目标值和选址结果

$P=6$	目标 1	$\nabla f_1(\%)$	目标 2	$\nabla f_2(\%)$	目标 3	$\nabla f_3(\%)$
	40.000 2	6.805%	0.684 2	14.475%	8.587 2	24.669%
选址结果	马尔康、金川、红原、汶川、茂县、松潘		马尔康、红原、若尔盖、茂县、理县、松潘		马尔康、小金、红原、汶川、茂县、松潘	

　　这里用 $\nabla f_i (i=1,2,3)$ 来表示 NSGA-Ⅱ 算法求解得到的第 i 个目标值与精确算法求解得到的最优目标值间的偏差率：

$$\nabla f_i = \frac{\mid f_i - f_i^* \mid}{f_i^*}$$

　　当求解多目标时，得到一组非劣解。决策者可以根据偏好，使用不同评判标准从非劣解集中选择最满意的一个可行解。本书以最大目标偏差率（∇L_∞）为评判标准来举例评价说明非劣解集中解的优劣：∇L_∞ 越小，认为该非劣解越优。

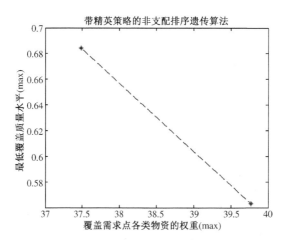

图 7-7　双目标（目标 1 和目标 2）模型求解结果

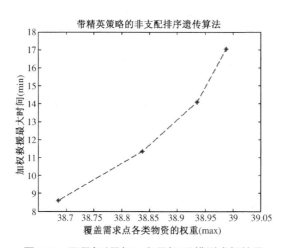

图 7-8　双目标（目标 1 和目标 3）模型求解结果

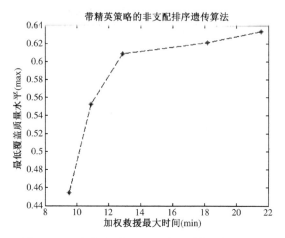

图 7-9 双目标(目标 2 和目标 3)模型求解结果

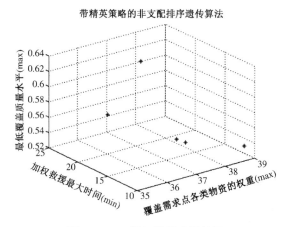

图 7-10 三目标模型求解结果

表 7-11 $P=6$ 时,两目标模型求解目标值

$P=6$	目标 1	∇f_1	目标 2	∇f_2	∇L_∞
非劣解 1	37.487 7	12.66%	0.684 2	14.48%	14.48%
非劣解 2	39.767 4	7.35%	0.563 2	29.60%	29.60%
$P=6$	目标 1	∇f_1	目标 3	∇f_3	∇L_∞
非劣解 1	38.836 8	9.52%	11.351 5	64.80%	64.80%

（续表）

$P=6$	目标 1	∇f_1	目标 3	∇f_3	∇L_∞
非劣解 2	38.685 0	9.87%	8.587 2	24.67%	24.67%
非劣解 3	38.935 3	9.29%	14.107 5	104.81%	104.81%
非劣解 4	38.986 8	9.17%	17.050 0	147.53%	147.53%
$P=6$	目标 2	∇f_2	目标 3	∇f_3	∇L_∞
非劣解 1	0.454 4	43.20%	9.524 65	38.28%	43.20%
非劣解 2	0.552 6	30.93%	10.877 5	57.92%	57.92%
非劣解 3	0.633 4	20.83%	21.532 05	212.60%	212.60%
非劣解 4	0.621 1	22.36%	18.142 5	163.39%	163.39%
非劣解 5	0.608 7	23.91%	12.861 85	86.73%	86.73%

表 7-12　$P=6$ 时，三目标模型求解目标值

$P=6$	目标 1	∇f_1	目标 2	∇f_2	目标 3	∇f_3	∇L_∞
非劣解 1	38.937 4	9.28%	0.531 6	33.55%	11.434 5	66.01%	66.01%
非劣解 2	37.354 1	12.97%	0.543 9	32.01%	14.982 3	117.51%	117.51%
非劣解 3	35.640 8	16.96%	0.582 4	27.20%	18.142 5	163.39%	163.39%
非劣解 4	37.640 2	12.30%	0.536 8	32.90%	14.945 0	116.97%	116.97%
非劣解 5	37.442 1	12.77%	0.621 1	22.36%	21.382 8	210.44%	210.44%

结果分析：

Ⅰ．单目标模型的求解结果表明：NSGA-Ⅱ算法求解单目标模型时，能得到相对较优的可行解，与最优目标值相比偏差率均较小，分别为 6.805%、14.475% 和 24.669%。

Ⅱ．两目标模型的求解结果表明：对于三个目标中的任意两个目标，其中一个变得更优时，另一个目标则变得更差。

Ⅲ．多目标模型求解结果表明：一方面，相比使用分支定界法求解目标偏差率最小化模型，NSGA-Ⅱ算法一次运行可得到一组非劣解供决策者选择，以比

较不同的决策方案;且无需事先分别求解得到各分目标的目标值,简化计算步骤;另一方面,NSGA-II算法求解多目标模型,目标 3 的目标偏差率较高,更能兼顾前两个目标。

(2) NSGA-II的算法有效性

NSGA-II算法的有效性由解的质量、非劣解集中解的数目、算法效率等多个方面综合体现。

Ⅰ. 由上述(1)中求解结果分析可知,NSGA-II求解多目标模型可得到一组非劣解,该解集中的非劣解是相对较优的可行解,与全局最优解之间存在一定偏差。

Ⅱ. 初始种群100,迭代 100 次,交叉概率0.8,变异概率0.2时,NSGA-II算法求解多目标模型,程序运行时长为 29 秒。改变种群规模和迭代次数,统计算法运算效率。

表 7-13　种群规模和迭代次数对计算效率的影响

运行时长(秒) 迭代次数	种群规模		
	50	100	200
100	9.37	29.21	98.04
200	18.53	58.10	199.57
300	27.80	87.34	297.57

由表 7-13 可知,种群规模和迭代次数增加会增大算法程序运行时间,其中种群规模的影响更大。NSGA-II算法计算效率较高,程序运行时长可接受。但相比分支定界法,该算法并未体现效率优势。

综上,在求解不考虑时序特征和仓库容量的多目标模型时,与 NSGA-II算法相比,通过极大模理想点法构建目标偏差率最小化模型,之后采用分支定界法得到全局最优解的方法,是一种较为有效的多目标优化方法,能够得到更优质的解,且算法效率更高。

2. 考虑时序特征和仓库容量的布局优化模型求解

根据各类物资的配送时序特征以及需求量划分多个多层级覆盖临界,其中多功能折叠铲、安全帽属于救援装备类,要求 0.5~4 小时内送达;医药救护包属于医疗救助类物资,要求 2～4 小时内送达;帐篷、棉毯属于后勤保障类物资,要求 6～10 小时内送达。最小覆盖临界分别为:0.5 小时、2 小时和 6 小时,最大覆盖临界分别为 4 小时、4 小时、10 小时。

表 7-14 各地对应急物资的需求量

地点	S_j	人口密度	预估受伤数 (个)	折叠铲 (把)	安全帽 (顶)	医药救护包 (只)	帐篷 (顶)	棉毯 (床)
1. 马尔康	2 000	9.01	46	115	115	23	4 008	1 649
2. 金川	2 250	13.49	55	143	143	28	4 988	2 052
3. 小金	2 100	14.34	59	153	153	30	5 338	2 196
4. 红原	2 200	5.75	38	93	93	19	3 238	1 332
5. 阿坝	2 900	7.33	60	146	146	30	5 110	2 102
6. 若尔盖	2 950	7.42	83	178	178	42	6 213	2 556
7. 壤塘	2 680	6.11	33	80	80	17	2 800	1 152
8. 汶川	2 700	24.54	201	394	394	101	13 773	5 666
9. 茂县	2 750	27.21	223	443	443	112	15 488	6 372
10. 理县	2 300	11.23	49	109	109	25	3 815	1 570
11. 松潘	2 800	8.85	58	144	144	29	5 023	2 066
12. 九寨沟	2 700	15.36	59	155	155	30	5 425	2 232
13. 黑水	2 150	14.56	44	116	116	22	4 043	1 663

1) 分支定界法求解

(1) $P = 6$ 时,各模型求解结果(表 7-15)

表 7-15 $P = 6$ 时,各模型求解最优目标值

$P = 6$	最大化覆盖 需求点价值	最大化最小 覆盖率之和	最小化最大 加权时间	目标偏差率 最小化模型
	$Y_4^{\max} = 4.238\ 431$	$Y_5^{\max} = 1.273\ 900$	$Y_6^{\min} = 1.459\ 145$	$Y_8^{\min} = 0.031\ 179\ 7$

表 7-16 $P=6$ 时,各模型最大目标值偏差率

$P=6$	最大化覆盖需求点价值模型	$Y_4^{max}=4.238\,4$	$Y_5=1.169\,4$	$Y_6=2.387\,8$	$\gamma=63.6\%$
	最大化最小覆盖率水平之和模型	$Y_4=4.033\,5$	$Y_5^{max}=1.273\,9$	$Y_6=2.387\,8$	$\gamma=63.6\%$
	最小化最大加权救援时间模型	$Y_4=3.583\,3$	$Y_5=0.016\,8$	$Y_6^{min}=1.459\,1$	$\gamma=98.7\%$
	目标偏差率最小化模型	$Y_4=4.135\,2$	$Y_5=1.273\,9$	$Y_6=1.504\,6$	$Y_8^{min}=3.1\%$

由表 7-16 可知,四种模型中,目标偏差率最小化模型求解结果得到的最大目标偏差率最小,各个目标值均能获得较好的结果。再次验证了目标偏差率最小化模型能更好均衡兼顾所有分目标。

(2) $P=6$ 时,目标偏差率最小化模型的选址结果

表 7-17 给出了 $P=6$ 时,目标偏差率最小化模型的选址结果。选中的应急服务设施点的 6 个地点为马尔康、阿坝、若尔盖、壤塘、茂县和九寨沟与不考虑配送时序特征和仓库容量的布局模型的优化结果有所变动。可见当考虑存在多类需求且各类需求具有明显时序特征时,会对选址结果产生影响。用 1、2、3、4、5 分别代表折叠铲、安全帽、医药救护包、帐篷、棉毯五种物资,例:马尔康[1,2]表示马尔康处折叠铲、安全帽需求被覆盖。经计算,13 个需求点 5 种物资的平均覆盖满足水平分别为:折叠铲和安全帽 79.1%、医药救护包 95.7%、帐篷 63.3%、棉毯 59.3%。可见当应急服务设施点物资容量有限时,应急物资储备量不足,导致覆盖率水平下降。

表 7-17 目标偏差率最小化模型选址结果

应急服务设施建造点	覆盖潜在受灾点各种需求
马尔康	马尔康[1,2]、金川[1,2,3]、小金[1,2,3,5]、红原[5]、若尔盖[4]
阿坝	阿坝[1,2,3]、汶川[4]
壤塘	壤塘[1,2,3]、茂县[4]、松潘[4]、九寨沟[4,5]
茂县	汶川[1,2,3,5]、茂县[1,2,3,5]、理县[1,2,3]、黑水[1,2,3,5]

（续表）

应急服务设施建造点	覆盖潜在受灾点各种需求
若尔盖	金川[5]、红原[1,2,3,4]、若尔盖[1,2,3]、理县[4,5]、黑水[4]
九寨沟	马尔康[4,5]、金川[4]、小金[4]、阿坝[4,5]、若尔盖[5]壤塘[4,5]、松潘[1,2,3,5]、九寨沟[1,2,3]

由表7-17可知，当应急服务设施点储备多类应急物资且考虑配送时序特征及仓库容量限制时，应急服务设施点物资配送服务需求点的路径关系变得复杂，如九寨沟应急服务设施点需覆盖8个需求点的5种不同物资需求。

当配送物资种类和服务关系变得复杂时，对应急服务设施点应急物资储备和配送管理水平要求会显著增高，需提高应急服务设施点应急物资储备和配送管理水平，合理规划物资储备量和物资配送路径关系，否则可能造成应急配送无序、物资浪费、救援效果不理想等后果。

（3）分支定界法的算法有效性

Ⅰ．各模型求解所用时间

表7-18给出了分支定界法的运行时间为37秒，找到全局最优解；分支定界法总共分枝数为7 327个，求解总共迭代次数为510 702次，分枝数和迭代次数均大幅度增加。可见，对比不考虑时序特征的布局优化模型，计算规模大大增加，程序运行耗时增长。

表7-18　$P=6$时，各模型求解用时（秒）

$P=6$	最大化覆盖需求点价值权重	最大化最小覆盖率之和	最小化最大加权时间	目标偏差率最小化模型
	32	37	2	8

Ⅱ．P值变化时求解所用时间

以最大化最小覆盖水平之和模型求解为例，统计P值变化时求解用时，如表7-19所示。

表 7-19 求解用时

P	5	6	7	8	9	10
Y_5^{max}	无可行解	1.273 9	1.641 3	1.982 4	2.165 4	2.338 2
用时 s	/	42	320	6	3	1

由表 7-19 可知，P 值变化会影响计算求解时间。应急服务设施点选择建造 7 个时，全局最优解可以找到，分支定界法分枝数为 151 260 个，程序运行迭代次数为 4 646 256 次，运行时间为 320 秒。可见在需求点和设施点均为 13 个，应急物资种类为 5，类别为 3 的情况下，分支定界法求全局最优解的算法效率有明显下降。

Ⅲ. 改变仓库容量限制约束，统计求解所用时间

假设物资堆放高度变为 1.8 米，再次统计使用分支定界法对各个模型获得全局最优解用时。

表 7-20 各模型求解用时(秒)

$P=6$	最大化覆盖需求点价值权重	最大化最小覆盖率之和	最小化最大加权时间	目标偏差率最小化模型
	>3 600	122	375	/

由表 7-20 可知，容量限制约束变化会影响求解用时，当物资堆放高度变为 1.8 米时，分支定界法求全局最优解的算法效率显著降低。程序运行超过 1 小时后依旧未找到全局最优解。在 3 606 秒时强制终止运行，得到的可行解对应目标值为 4.481 454。

由此可见，对于大规模的 NP-Hard 问题，使用精确算法求全局最优解的方式不再适用，本书考虑采用启发式算法——NSGA-Ⅱ 算法来求解。

2）NSGA-Ⅱ求解分析

（1）算法求解结果分析

以物资堆放高度变为 1.8 米时为例，在英特尔 CPU：3.30GHZ、

matlabR2014a 中编程运算,设定:初始种群 200,迭代 300 次,交叉概率 0.8,变异概率 0.2 时,NSGA-Ⅱ算法求解多目标模型,程序运行时长约 449 秒。运算求解如表 7-21 所示。

表 7-21　P=6 时,三目标模型求解目标值

P=6	目标 1	∇f_1	目标 2	∇f_2	目标 3	∇f_3	∇L_∞
理想解	>4.481 4	0	1.785 9	0	0.974 5	0	0
非劣解 1	4.086 0	8.82%	0.016 8	99.05%	1.061 4	8.92%	99.05%
非劣解 2	4.293 1	4.20%	1.635 8	8.40%	2.918 2	199.46%	199.46%
非劣解 3	4.225 0	5.72%	1.281 2	28.26%	1.156 4	18.66%	28.26%

　　模型求解结果表明,相比使用分支定界法求解目标偏差率最小化模型,NSGA-Ⅱ算法一次运行可得到一组非劣解供决策者选择,以比较不同的决策方案。

　　(2)NSGA-Ⅱ的算法有效性

　　Ⅰ.NSGA-Ⅱ求解多目标模型可得到一组非劣解,与全局最优解之间存在一定偏差,但可获得相对较优的可行解。

　　Ⅱ.改变种群规模和迭代次数,统计算法运算效率。

表 7-22　种群规模和迭代次数对计算效率的影响

运行时长(秒)	种群规模		
迭代次数	50	100	200
100	21.23	52.42	149.15
200	42.90	106.93	299.57
300	62.84	157.34	448.93

　　由表 7-22 可知,种群规模和迭代次数增加会增大算法程序运行时间,其中种群规模的影响更大。NSGA-Ⅱ算法计算效率较高,程序运行时长可接受。相比分支定界法求全局最优解算法效率优势明显。

　　综上,在求解较大规模多目标优化 NP-Hard 问题时,通过两种方法计算求解,总结两种求解方法如下:

一方面,可通过极大模理想点法构建目标偏差率最小化模型,之后采用分支定界法得到全局最优解的方法来求解。当无法得到各目标的最优目标值时,可以对程序运行时间设定一个可接受的上限值,找到相对较优的目标值来代替最优目标值进行求解。

另一方面,相比分支定界法求解目标偏差率最小化模型的方式,多目标遗传算法 NSGA-Ⅱ 在该情况下呈现出算法效率较高、一次运行可得到多个非劣解、无需事先分别求解得到各分目标的目标值等多个优势,同样可作为一种有效的多目标优化方法。

7.5 本章小结

本章针对重大突发事件下的应急救援和物资配送的时序特征,提出了考虑时序特征的应急服务设施轴辐网络设施点布局优化模型,即依据应急物资配送的时序特征划分最小、最大覆盖临界,构建多个多重覆盖,优化设施点布局。根据模型,设计了基于极大模理想点的目标偏差率最小化模型和 NSGA-Ⅱ 的求解方法,验证了模型和算法的有效性,两种方法能够适用于不同计算规模的应急服务设施点布局优化情景,具有一定的计算效率。考虑配送时序特征和仓库容量,优化选址结果更切合应急救援实际,物资储备库的服务半径更大、服务效果更好。能够合理利用资源分配,提高救援效率。

第 8 章

结论与展望

8.1 主要结论

本书以应急服务设施选址布局问题为基本切入点,在分析重大突发事件的应急服务需求的基础上,将轴辐网络理论应用到应急服务设施布局中,设计了应急服务设施轴辐网络,研究了轴辐网络中的非枢纽点设施选址问题、枢纽点设施的选址—分配问题、轴辐网络中的绕道和拥堵问题、应急服务设施的不确定性环境的鲁棒优化问题以及考虑时序特征的应急服务设施的选址问题,在构建模型基础上设计了相应算法并通过算例进行证明研究。进一步完善和扩展了应急服务设施选址布局理论与相关优化方法,为应急管理决策者提供应急服务设施网络布局的决策参考依据。

8.2 研究与展望

本书围绕应对重大突发事件的应急服务设施选址布局问题开展了研究,从轴辐网络结构框架的设计到非枢纽点和枢纽点设施具体布局方案,从轴辐网络中的绕道、拥堵问题的解决策略到不确定性环境下的鲁棒优化等方面,虽然取得了一些对于实际工作和理论研究有积极意义的成果,但也存在着不足之处。

在实际研究中,由于数据收集受到人力、物力和时间等因素制约,同时由于我国关于重大突发事件的信息库建设不完备、缺乏完整的数据统计机制,导致在本书鲁棒性优化章节中情景集的建立只能利用假设的方法给出不同设施的重要性权重,让其排列组合构成情景集,而且情景数量有限,这样对鲁棒解的数量有一定的限制。

另外,同样因数据和资料获取的困难性,本书的大部分模型验证都是通过算例进行验证,而对于具体某种类型的重大突发事件的具体设施布局没有涉及,同时由于本书定位于重大突发事件的应急服务设施一般意义上的选址布局,属于通用思路和结构,只有模型的相关参数会随具体情景发生变化,但总体思路和结构不变。

书中不足也是未来研究需要完善的研究工作,其中重点应集中在以下几个方面。

（1）带容量限制的非枢纽点选址模型

本书考虑了应急需求的多次需求、多点同时需求的特点,考虑了覆盖质量的层次性,本书出于对基本方法和问题的研究目的,除了枢纽点拥堵问题涉及容量(Capability)限制,非枢纽点基本上没有考虑设施点的容量限制,而在实际的很多问题中,应急服务设施点的服务能力往往有限,所以容量限制这一因素可在以后的研究中考虑进来。根据问题的需要,可以将建设成本、服务效率等问题和容量限制问题综合进行研究。

（2）情景集的建立

如何确定应对重大突发事件的应急服务设施轴辐网络设计参数的各种可能情景,是个很有难度的问题,但也是非常重要的问题。因此,需要进一步研究重大突发事件的历史资料、分析各重大突发事件中应急需求的信息、结合设施点的各种状况,提出并建立符合实际情况的情景集合。

（3）应急轴辐网络在某一类具体应急设施布局的应用问题

本书是对应对重大突发事件的应急服务设施轴辐网络布局的理论与方法进行研究,但最终目的是应用于实际问题。在各类数据完备的情况下,将应对本书的应急轴辐网络布局的理论与方法应用到某一类具体应急设施布局中,亦是需要研究与解决的问题。

（4）SHSCP 等模型的算法设计与改进

SHSCP 模型、L-SHSCP 模型、γ-SHSCP 模型以及 γ-SHSCP 模型均为

NP-Hard问题,有必要设计出高效、高质量的启发式算法来解决实际中可能遇到的问题。为找到对某一具体最好或者较好的算法,要在多种算法之间进行比较和参数设计,算法设计要考虑问题的特点和需求。虽然本书设计和改进的算法对于本书提出的各类模型求解结果和求解速度令人满意,但仍有很大空间提高模型的求解速度和精确性,这些应该是未来研究关注的内容。

参 考 文 献

［1］国务院新闻办公室.中国的减灾行动［EB］. http://www.gov.cn/zwgk/2009-05/11/ content _1310227.htm/,2009-05-11

［2］国家减灾中心信息部.2009 年全国十大自然灾害［J］.中国减灾，2010,（1）：9-10.

［3］金传芳,郑国璋,韩军青. 2008 年初我国南方低温雨雪冰冻灾害分析［J］. 山西师范大学学报（自然科学版）,2009, 23(2):94-98.

［4］国家减灾中心信息部. 2009 年全国自然灾害损失情况［J］. 中国减灾,2010,（1）：7-8.

［5］董文福,傅德黔. 近年来我国环境污染事故综述［J］. 环境科学与技术,2009,32(7)：75-77.

［6］陈兴玲. 突发环境事件应对及环境风险管理探讨［J］. 污染防治技术,2010,23(4)：46-50.

［7］http://news.sina.com.cn/c/2008-09-04/154716232928.shtml

［8］国务院.国家突发事件总体应急预案.中国政府网，2005.8.31：http://www.gov.cn/yjgl/ 2005-08/31/content_27872.htm

［9］中华人民共和国突发事件应对法. 新华网：2007.8.30：http://news.xinhuanet.com/ legal/2007-08/30/content_6637105.htm

［10］王英,李巧萍,黄宝忠.玉树地震,生命大营救［J］.防灾博览,2010,（2）：6-17.

［11］陈志宗.城市防灾减灾设施选址模型与战略决策方法研究［D］.上海：同济大学,2006.

［12］Owen D. Strategic facility location：a review［J］. European Journal of Operational Research，1998，111(3)：423-447.

［13］Church R L, Revelle C. The max imal covering location problem［J］. Papers Regional Science，1974，32(1)：101-118.

［14］Church R, Current J, Storbeck J. A bicriterion max imal covering location formulation which considers the satisfaction of uncovered demand［J］. Decision Science，1991，22

（1）：38-52.

［15］ Plane D R，Hendrick T E. Mathematical programmin g and the location of fire companies for the Denver fire department［J］. Operations Research，1977，25（4）：563-578.

［16］ Daskin M S，Stern E H. A hierarchical objective set covering model for emergency medical service vehicle deployment［J］. Transportation Science，1981，15（2）：137-152.

［17］ Hakimi S L. Optimum locations of switching centers and the absolute centers and median of graph［J］. Operations Research，1964，12（3）：450-459.

［18］ ReVelle C，Swain R. Central facilities location［J］. Geographical Analysis，1970，（2）：30-42.

［19］ 卜月华.图论及其应用［M］.南京：东南大学出版社，2002.

［20］ Harewood S I. Emergency ambulance deployment in Barbados：a multi‐objective approach［J］. Journal of the Operational Research Society，2002，53（2）：185-192.

［21］ Brotcorne L，Laporte G and Semet F. Ambulance location and relocation models［J］. European Journal of Operational Research，2003，147（3）：451-463.

［22］ Goldberg J B. Operations research models for the deployment of emergency services vehicles［J］. EMS Management Journal，2004，1（1）：20-39.

［23］ Alsalloum O I，Rand G K. Extensions to emergency vehicle location models［J］. Computers and Operations Research，2006，33（9）：2725-2743.

［24］ 方磊,何建敏.应急系统优化选址的模型及其算法［J］.系统工程学报,2003,18(1):5-8.

［25］ 方磊,何建敏.给定限期条件下的应急系统优化选址模型及算法［J］.管理工程学报,2004,(1):48-51.

［26］ 方磊,何建敏.城市应急系统优化选址决策模型和算法［J］.管理科学学报,2005,8(1):12-16.

［27］ 孙文秀,胥晓庆,等.应急系统优化选址模型的一种改进算法［J］.沈阳师范大学学报（自然科学版）,2007,25(1):5-8.

［28］ Galvao R D，Chiyoshi F Y，Morabito R. Towards unified formulations and extensions of two classical probabilistic location models［J］. Computers & Operations Research，2005，32（1）：15-33.

［29］ Hari K，Rajagopalan. A multi-period set covering location model for dynamic redeployment of ambulances［J］. Computers & Operations Research，2008，35（3）：

814-826.

[30] Hari K, Rajagopalan, Cem Saydamb, Jing X. A probabilistic model applied to emergency service vehicle location[J]. European Journal of Operational Research, 2009, 196(1): 323-331.

[31] 龙文, 黄汉明, 李小勇, 等.多目标城市应急系统选址问题的免疫算法[J]. 广西物理, 2008, 29(2):26-28.

[32] 韩强.多目标应急设施选址问题的模拟退火算法[J]. 计算机工程与应用, 2007, 43(30): 182-184.

[33] 韩强, 宿洁.一类应急服务设施选址问题的模拟退火算法[J]. 计算机工程与应用, 2007, 43(14):202-239.

[34] 杨锋, 梁樑, 等.考虑道路特性的多个应急设施选址问题:基于 DEA 的研究. 管理评论, 2008, Vol.20 (12):41-44.

[35] 魏汝营, 陈建宏, 杨立兵.突发事件应急救援设施选址决策模型[J]. 工业安全与环保, 2009, 35(11):50-52.

[36] 贺小容, 秦江涛.多层级应急系统选址模型[J]. 工业工程, 2010, 13(2):94-97.

[37] Al-Sultan K S, Al-Fawzan M A. A tabu search approach to the uncapacitated facility location problem[J]. Annals of Operations Research, 1999, 86(0): 91-103.

[38] Beasley J E, Chu P C. A genetic algorithm for the set covering problem[J]. European Journal of Operational Research, 1996, 94(2): 392-404.

[39] Galvão R D, ReVelle C. A lagrangean heuristic for the max imal covering location problem[J]. European Journal of Operational Research, 1996, 88(1): 114-123.

[40] 方磊.基于偏好 DEA 的应急系统选址模型研究[J]. 系统工程理论与实践, 2006, (8): 117-123.

[41] 赵远飞, 陈国华.基于改进逼近理想解排序(TOPSIS)法的应急系统优化选址模型研究 [J].中国安全科学学报, 2008, 18(9):22-28.

[42] 刘洪娟, 罗挺, 姜玉宏, 等.基于遗传算法的应急物流多设施选址模型研究[J]. 后勤工程学院学报, 2010, 26(3):46-50.

[43] 郭子雪, 张强.基于遗传算法的应急服务设施选址问题研究[R]. 2007 年国防科技管理学术会议论文集, 2007,12:213-215.

[44] Jia H K, Ordóñez F, Dessouky M. A Modeling Framework for Facility Location of Medical Services for Large-Scale[J]. IIE Transactions, 2007, 39(1): 41-55.

［45］Jia H K, Ordóñez F, Dessouky M. Solution approaches for facility location of medical supplies for large scale emergencies［J］. Computers & Industrial Engineering, 2007, 52 (2): 257-276.

［46］陈志宗,尤建新.重大突发事件应急救援设施选址的多目标决策模型［J］.管理科学, 2006,19(4):11-41.

［47］刘强,阮雪景,吴绍洪.重大自然灾害应急避难场所选址原则与模型建构［J］.海洋地质动态,2010,26(5):45-54.

［48］Goldman A J. Optimal location for centers in a network［J］. Transportation Science, 1969, 3(4): 352-360.

［49］O'Kelly M E. A quadratic integer program for the location of interacting hub facilities ［J］. European Journal of Operational Research, 1987, 32(3): 393-404.

［50］Aykin T. On a quadratic integer program for the location of interacting hub facilities［J］. European Journal of Operational Research, 1990, 46(3): 409-411.

［51］李阳.轴辐式网络理论及应用研究［D］.上海:复旦大学,2006.

［52］张世翔,霍佳震.基于轴辐式网络模型的长三角地区城市群物流配送体系规划研究［J］. 管理学报,2005,2(增刊Ⅱ):194-199.

［53］李红启,刘鲁.Hub and Spoke 型运输网络改善方法及其应用［J］.运筹与管理,2007,16 (6):63-68.

［54］柏明国,朱金福,徐进.P-枢纽航线网络设计问题的一种启发式算法［J］.运筹与管理, 2007,16(4):64-68.

［55］翁克瑞,杨超.多分配枢纽站最大覆盖选址问题［J］.工业工程与管理,2007,(1):40-44.

［56］王菡,韩瑞珠.基于城际多 HUB 的应急物流网络协同动力学模型分析［J］.东南大学学报(自然科学版),2007,37(增刊Ⅱ):37-392.

［57］施晓岚,许宗桢,郭晓汾.基于轴辐式结构的应急物资动态调度网络研究［J］.物流技术, 2008,27(9):87-90.

［58］杨雨蕾,冯勋省.基于层级轴幅式网络的应急物流运输成本控制问题研究［J］.物流技术,2009,28(9):83-84.

［59］Rosenhead J, Elton M, Gupta S K. Robustness and optimality as criteria for strategic decisions［J］. Operational Research Quarterly, 1972, 23(4): 413-431.

［60］Daskin M S, Coullard C R, Shen Z. An inventory-location model: formulation, solution algorithm and computational results［J］. Annals of Operations Research, 2002, 110

(1-4)：83-106.

[61] Listes O, Dekker R. A stochastic approach to a case study for product recovery network design[J]. European Journal of Operational Research, 2005, 106(2)：268-287.

[62] Ye W, Li Q. Solving the stochastic location-routing problem with genetic algorithm[R]. Proceedings of 2007 International Conference on Management Science & Engineering, 2007：429-434.

[63] Miranda P A, Garrido R A. Valid inequalities for Lagrangian relaxation in an inventory location problem with stochastic capacity[J]. Transportation Research Part E：Logistics and Transportation Review, 2008, 44(1)：47-65.

[64] Schütz P, Stougie L, Tomasgard A. Stochastic facility location with general long-run cost s and convex short-run costs[J]. Computer & Operations Research, 2008, 35 (9)：2988-3000.

[65] Berman O, Drezner Z. The p-median problem under uncertainty[J]. European Journal of Operational Research, 2008, 189(1)：19-30.

[66] Chan Y, Carter W B, Burnes M D. A multiple-depot, multiple-vehicle, location-routing problem with stochastically processed demands[J]. Computers & Operational Research, 2001, 28(8)：803-826.

[67] Louveaux F Y. Discrete stochastic location models[J]. Annals of Operations Research, 2005, 6(2)：23-34.

[68] 杨波,梁樑,唐启鹤.物流配送中心选址的随机数学模型[J].中国管理科学,2002, 10 (5):57-61.

[69] 刘尚俊,刘君.一个具有随机模糊需求的多设施选址模型及解法[J].重庆工学院学报 (自然科学版),2009, 23(6):71-73.

[70] 王櫑,赵晓波.随机需求下选址——库存问题[J].运筹与管理,2008. 17(3):1-6.

[71] 黄松,杨超.随机需求下联合选址——库存模型研究[J].中国管理科学,2009, 17(5): 96-103.

[72] Mulvey J M, Vanderbei R J, Zenios S A. Robust Optimization of Large-scale Systems [J]. Operations Research, 1995, 43(2):264-281.

[73] Averbakh I. min max regret solutions for min imax optimization problems with uncertainty[J]. Operations Research Letters, 2003, 27(2)：57-65.

[74] Berman O, Wang J, Drezner Z, Wesolowsky C O. The min imax and max imin location

problems on a network with uniform distributed weights[J]. IIE Transactions, 2003, 35(11): 1017-1025.

[75] Burkard R E, Dollani H. A note on the robust 1-center problem on trees[J]. Annals of Operations Research, 2002, Vol.110(1): 69-82.

[76] Chen B, Lin C S. min max - regret robust 1-median location on a tree[J]. Networks, 1998,31(2), 93-103.

[77] Daskin M S, Hesse S M, ReVelle C S. α-reliable p-min imax regret: a new model for strategic facility location modeling[J]. Location Science, 1997, 5(4): 227-246.

[78] Averbakh I, Berman O. min imax regret p-center location on a network with demand uncertainty[J]. Location Science, 1997, 5(4): 247-254.

[79] Daniel S, Vladimir M. The p-median problem in a changing network: The case of Barcelona[J]. Location Science, 1998, 6(1-4): 383-394.

[80] Averbakh I, Berman O. Algorithms for the robust 1-center problem on a tree[J]. European Journal of Operational Research, 2000, 123(2): 292-302.

[81] Averbakh I, Berman O. An improved algorithm for the min max regret median problem on a tree[J]. Networks, 2003, 41(2): 97-103.

[82] Maiko Shigeno. An adjustable robust approach for a 1-median location problem on a tree [J]. Journal of the Operations Research Society of Japan, 2008, 51(2): 127-135.

[83] 戎晓霞, 崔玉泉, 马建华. 不确定环境下的物流配送中心选址模型[J]. 山东大学学报(理学版),2004,39(6):72-77.

[84] 张萍, 陈幼平, 周祖德, 等. 不确定条件下供应链设施决策的鲁棒优化[J]. 武汉理工大学学报(信息与管理工程版),2008,30(5):800-803.

[85] 人民网. 甘肃舟曲县特大泥石流灾害[OB/OL]. http://society. people. com. cn/GB/41158/12504453.html, 2010.8.21.

[86] 人民网. 舟曲县城全面退水[OB/OL]. http://society. people. com. cn/GB/41158/12585892.html, 2010.8.31.

[87] Beamon B M. Humanitarian relief chains: Issues and challenges[R]. San Francisco:The 34th International Conference on Computers and Industrial Engineering, 2004.

[88] Balcik B, Beamon B. Facility location in humanitarian relief[J]. International journal of logistics:research and application, 2008, 11 (2): 101-121.

[89] Hass J, Robert K, Martyn J, et al. Reconstruction following disaster[M]. Cambridge.

MA：MIT Press，1977.

[90] Aykin T. Networking policies for hub-and-spoke systems with application to the air transportation system[J]. Transport Science，1995，29(3)：201-221.

[91] Bryan D，O'Kelly M E. Hub-and-spoke networks in air transportation：An analytical review[J]. Journal Regional Science，1999，39(2)：275-295.

[92] Kara B Y，Tansel B C. The latest arrival hub location problem[J]. Manage Science，2001，47 (10)：1408-1420.

[93] Pinar Z T，Bahar Y K. A Hub Covering Model for Cargo Delivery Systems[J]. Networks，2006，49 (1)：28-39.

[94] 梁滨,毛焱.武汉城市圈轴—辐网络旅游空间结构研究[J]. 经济地理,2009,29(7)：1214-1217.

[95] 葛春景,王霞,关贤军. 应对城市重大安全事件的应急资源联动研究[J]. 中国安全科学学报，2010,20(3)：166-171.

[96] Tavida Kamolvej. The integration of intergovernmental coordination and information management in response to immediate crises [D]. Pittsburgh：University of Pittsburgh，2006.

[97] Benita M，Beamon，Burcu Balcik. Performance measurement in humanitarian relief chains[J]. International Journal of Public Sector Management，2008，21(1)：4-25.

[98] Hogan K，ReVelle C. Concept and applications of backup coverage[J]. Management Science，1986，32 (11)：1434-1444.

[99] 陈艳艳,郭国旗.城市消防站的优化布局[J]. 河南消防,1998,(10):30-32.

[100] Church R，Roberts K，Generalized coverage models and public facility location[J]. Papers of the Regional Science Association，1983，53 (1)：117-35.

[101] Karasakal O，Karasakal E K. A maximal covering location model in the presence of partial coverage[J]. Computers & Operations Research，2004，31(9)：1515-1526.

[102] 马云峰. 网络选址中基于时间满意度的覆盖问题研究[D]. 武汉：华中科技大学,2005.

[103] 邢文训,谢金星. 现代优化计算方法[M]. 2 版.北京：清华大学出版社,2005.

[104] Campbell J F. Integer programming formulations of discrete hub location problems[J]. European Journal of Operational Research，1994，72(2)：387-405.

[105] Cooper L. Heuristic Methods for location-allocation problems [J]. Operations Research，1964，6 (1)：37-53.

[106] Holland J H. Adaptation in natural and artificial systems[M]. Michigan：University of Michigan Press，1975.

[107] 翁克瑞. 轴辐式物流网络设计的选址与路线优化研究[M].成都:电子科技大学出版社,2009

[108] 田俊峰.不确定条件下供应链管理优化模型及算法研究[D].成都:西南交通大学,2005.

[109] Srinivas N., Deb K. Multi-objective function optimization using non-dominated sorting genetic algrorithms[J]，Evolutionary Computation,1995,2(3):221-248.

[110] Deb K., Pratap A., Agarwal S. A fast and elitist multi-objective genetic algorithm：NSGA-II[J]. IEEE Transactions on Evolutionary Computation,2002,6(2):182-197.

[111] 王恪铭,马祖军,郑斌. 灾后重建地区新增血站的选址问题研究[J]. 运筹与管理,2012，21(1):136-141.